园林绿化工程工程量清单计价编制实例

张国栋　主编

黄河水利出版社

内 容 提 要

本书根据《建筑工程工程量清单计价规范》有关内容，较详细地介绍了园林绿化工程的工程量清单项目及计算规则，对建筑工程工程量清单计价规范的有关问题进行了解释和答疑。另外，该书还结合工程量清单招标投标的实际情况，列举了很多翔实的例子。

该书可供工程造价人员编制招标文件、工程量清单及报价时参考，也可作为造价专业人员的入门教材。

图书在版编目(CIP)数据

园林绿化工程工程量清单计价编制实例/张国栋主编.
郑州：黄河水利出版社，2008.5
ISBN 978-7-80734-418-6

Ⅰ.园… Ⅱ.张… Ⅲ.园林建筑—工程造价 Ⅳ.TU986.3

中国版本图书馆 CIP 数据核字(2008)第 047903 号

策划编辑：余甫坤　电话：0371-66024993　E-mail：yfk7300@126.com

出 版 社：黄河水利出版社
地址：河南省郑州市金水路 11 号　邮政编码：450003
发行单位：黄河水利出版社
发行部电话：0371-66026940　传真：0371-66022620
E-mail：hhslcbs@126.com
承印单位：黄河水利委员会印刷厂
开本：787mm×1 092 mm　1/16
印张：8.75
字数：185 千字　印数：1—3 100
版次：2008 年 5 月第 1 版　印次：2008 年 5 月第 1 次印刷
定价：18.00 元

本书编委会名单

主　　编　张国栋

参编人员　张国选　张国喜　张汉兵　李海军
王年春　高继伟　左新红　文　明
文汉阳　张文怡　张汉林　张学军

前　言

本书是根据国家标准《建设工程工程量清单计价规范》(GB50500—2003)编制的工程量清单计价辅导书。

本书根据《建设工程工程量清单计价规范》有关内容,较详细地、系统地介绍了工程量清单报价的编制方法。全书在理论与方法上除进行了通俗易懂的阐述外,还结合工程量清单招标投标的实际情况,列举了较翔实的例子。通过本书的学习,使读者在较短的时间内掌握工程量清单计价的基本理论与方法,达到较熟练地运用《建设工程工程量清单计价规范》编制工程量清单和工程量清单报价的目的。

本书与同类书相比,具有以下几个显著特点:

(1)内容新,即采用新规范。

(2)针对性、实用性强,重点突出,注意整体的逻辑性和连贯性。

(3)内容全面,吸收了我国计价改革的阶段性成果,并以我国现行建筑行业的最新政策、法规为依据。

工程量清单计价与建设工程中定额计价不同,是一种新的计价方式。工程量清单计价方式与定额计价方式有着密切的联系,但也有本质上的区别。定额计价与工程量清单计价的本质区别是,前者采用建设行政主管部门颁发的反映社会平均水平的消耗量定额和发布指导价格计算工程造价,该工程造价具有计划价格的本质特征;后者由投标人自主选择消耗量定额(如企业定额)和自主确定各种单价,其工程报价具有市场价格的本质特征。

本书在编写过程中得到了许多同行的支持与帮助,借此表示感谢。由于编者水平有限和时间的限制,书中难免有错误和不妥之处,望广大读者批评指正。如有疑问,请登录www. gclqd. com(工程量清单计价网)或 www. jbjsys. com(基本建设预算网)或 www. jbjszj. com(基本建设造价网)或发邮件至 dlwhgs@ tom. com 与编者联系。

编　者

目　录

第一章　工程量清单分部分项实例详解

【例 1】　园林绿化工程工程量清单的编制及计价

21 世纪社区绿化工程需要铺装黑白点花岗岩板路面(园路),面积为 190.90m^2,设计技术要求为:平整场地后铺设 150mm 厚 3:7 灰土及 50mmC15 素混凝土垫层,宽度同面层;之后铺 300mm 厚 1:2.5 水泥砂浆;最后铺设 600mm×400mm×30mm 黑白点花岗岩,表面烧毛。

【解】　(1)该黑白点花岗岩板路面(园路)分部分项工程量清单的编制。

1)平整场地后铺设 150mm 厚 3:7 灰土及 50mmC15 素混凝土垫层;

2)300mm 厚 1:2.5 水泥砂浆找平层;

3)600mm×400mm×30mm 黑白点花岗岩;

4)花岗岩表面烧毛。

计量单位:m^2

工程数量:依据工程量计算规则,该清单项目数量为 190.90m^2。

将上述结果及相关内容填入"分部分项工程量清单",见表 1-1。

表 1-1　分部分项工程量清单

工程名称:×××　　　　第×页,共×页

序号	项目编码	项目名称	计量单位	工程数量
1	050201001001	园路 1.铺设 150mm 厚 3:7 灰土及 50mmC15 素混凝土垫层; 2.300mm 厚 1:2.5 水泥砂浆找平层; 3.600mm×400mm×30mm 黑白点花岗岩; 4.花岗岩表面烧毛	m^2	190.90

(2)分部分项工程量清单计价表的编制

综合单价计算:

完成该工程项目发生的工作内容包括:平整场地及放线、灰土垫层、素混凝土结合层、垫层模板安拆、铺设花岗岩。

工程内容费用测算:

1)平整场地及放线,经测算,筛土量为 198m^2

①人工费:25 元/工日 ×0.006 工日/m^2 ×198m^2 =29.7 元

②直接费合计:29.7 元

2)灰土垫层,经测算,工程量为 28.64m^3

①人工费:28 元/工日 ×1.019 工日/m^3 ×28.64m^3 =817.16 元

②材料费:22.19 元/m^3 ×28.64m^3 =635.52 元

③机械费:0.55 元/m^3 ×28.64m^3 =15.75 元

④直接费合计:1 468.43 元

3)素混凝土垫层,工程量为9.55m^3

①人工费:(28 元/工日 ×0.55 工日/m^3 +1.2 元/m^3) ×9.55m^3 =158.53 元

②材料费:172.5 元/m^3 ×9.55m^3 =1 647.38 元

③机械费:11.56 元/m^3 ×9.55m^3 =110.40 元

④直接费合计:1 916.31 元

4)垫层模板安拆,工程量为5.22m^2

①人工费:(25 元/工日 ×0.137 工日/m^2 +0.07 元/m^2) ×5.22m^2 =18.24 元

②材料费:7.41 元/m^2 ×5.22m^2 =38.68 元

③机械费:0.71 元/m^2 ×5.22m^2 =3.71 元

④直接费合计:60.63 元

5)600mm ×400mm ×30mm 黑白点花岗岩岩面层,表面烧毛,工程量为190.9m^2

①人工费:(30 元/工日 ×0.45 工日/m^2 +1.38 元/m^2) ×190.9m^2 =2 840.59 元

②材料费:158.78 元/m^2 ×190.9m^2 =30 311.10 元

③机械费:经测算,为 315.23 元

④直接费合计:33 466.92 元

6)综合

①直接费合计:37 552.29 元

②管理费(含合理风险费):依据以往管理经验,经测算以直接费为基础,管理费率为20%,管理费 = 直接费 ×管理费率 =37 552.29 元 ×20% =7 510.46 元

③利润:直接费 ×8% =37 552.29 元 ×8% =3 004.18 元

④总计:48 066.93 元

⑤综合单价:总价/工程数量 =48 066.93 元/190.9m^2 =251.79 元/m^2

【例 2】 某小游园休闲圆形小广场,图案拼花,半径为 4.68m,广场面积为 69m^2,面层分别为彩色卵石,面积 10m^2,广场砖拼花面积为 59m^2,规格 100mm ×100mm,结构层为素土夯实,250 厚级配砂砾,C15 混凝土垫层(砾石)150mm 厚,30mm 厚 1∶3 水泥砂浆,卵石(广场砖)面层,边石为花岗岩边石,规格 20cm ×18cm ×60cm,边石垫层为 50mm 厚 C20 混凝土,编制该项目的工程量清单并计价。

【解】 (1)清单编制

1)清单项目设置及工程内容见表 1-2。

表 1-2 分部分项工程量清单

项目编码	项目名称	计量单位	工程数量
010101002001	挖土方 土壤类别:二类土,平均深度:0.45m,土方运距 20m	m^3	34.34
010103001001	回填土夯填	m^3	0.61

续表

项目编码	项目名称	计量单位	工程数量
050201001001	园路铺装　素土夯实，级配砂砾250mm厚，C15混凝土150mm厚，30mm厚1:3水泥砂浆，卵石面层，彩色机制卵石	m^2	10.00
050201001002	园路铺装　素土夯实，级配砂砾250mm厚，C15混凝土150mm厚，30mm厚1:3水泥砂浆，广场砖面层（拼花）规格100mm×100mm	m^2	59.00
050201002001	路牙铺设　花岗岩路牙石20cm×18cm×60cm，C20混凝土垫层	m	30.02

2）工程量计算：

①挖土方：$(4.68+0.2+0.05)\times(4.68+0.2+0.05)\times3.14\times0.45m^3=34.34m^3$

②回填土方：$[34.34-(4.68+0.2)\times(4.68+0.2)\times3.14\times0.45-0.05\times0.05\times2\times3.14\times(4.68+0.2+0.025)]m^3$
$=0.61m^3$

③路牙铺设：$(4.68+0.1)\times2\times3.14m=30.02m$

（2）清单计价

1）施工方案：本工程为拼花路面，以卵石为图案界线，由广场砖拼成图案，基层施工时要先进行夯实，砂砾垫层施工时要使用振捣器往复振捣，保证基础密度达到要求，混凝土垫层施工强度达到1.2MPa后，才能在其上面做面层。

2）路牙基础垫层工程量：

$(0.2+0.05)\times0.5\times2\times3.14\times(4.68+0.125)m^3=3.77m^3$

3）计价时依据消耗量定额计价，花岗岩边石单价按35元/m计算，为方便计算，其他材料、人工、机械均按消耗量定额和参考价目表价格计取，管理费和利润分别按人工费、材料费、机械费之和的7%和4.5%考虑。清单各项工程内容费用总和除以清单量即为该项目的综合单价，见表1-3～表1-6。

表1-3　分部分项工程量清单综合单价计算表

工程名称：小游园　　　　计量单位：m^3

项目编码：010101002001　　　　工程数量：34.34

项目名称：挖土方　　　　综合单价：12.99元

序号	定额编号	工程内容	单位	数量	其中					小计
					人工费	材料费	机械费	管理费	利润	
1	1-1	挖土方一、二类土深度1.5m以内	m^3	34.34	209.48	0.00	0.00	—	—	—
2	1-62	单（双）轮车运土方50m以内	m^3	34.34	190.54	0.00	0.00	—	—	—
		合计			400.02	0.00	0.00	28.00	18.00	446.02
每立方米土方单价（合计/清单量）					11.65	0.00	0.00	0.82	0.52	12.99

表 1-4　分部分项工程量清单综合单价计算表

工程名称:小游园　　计量单位:m^2

项目编码:050201001001　　工程数量:10.00

项目名称:园路卵石铺装　　综合单价:136.01 元

序号	定额编号	工程内容	单位	数量	其中					小计
					人工费	材料费	机械费	管理费	利润	
1	土建 1－56	原土夯实	m^2	10.00	4.26	0.00	1.29	0.39	0.25	6.19
2	装饰 1－7	砂砾天然级配	m^3	2.50	67.00	41.28	1.38	7.68	4.93	122.27
3	装饰 1－20＋1－22×2	找平层	m^2	10.00	42.40	44.80	3.10	6.32	4.06	100.68
4	2－6	混凝土垫层	m^3	1.50	59.40	154.95	27.32	16.92	10.88	269.47
5	2－17	卵石铺装	m^2	10.00	630.00	139.00	3.60	54.08	34.77	861.45
		合　计			803.06	380.03	36.69	85.39	54.89	1 360.06
	每平米卵石路面单价(合计/清单量)				80.31	38.00	3.67	8.54	5.49	136.01

表 1-5　分部分项工程量清单综合单价计算表

工程名称:小游园　　计量单位:m

工程数量:30.02

项目名称:路牙铺设　　综合单价:50.27 元

序号	定额编号	工程内容	单位	数量	其中					小计
					人工费	材料费	机械费	管理费	利润	
1	市政 2－336	缘石混凝土垫层	m^3	0.38	18.36	59.11	0.00	—	—	—
2	市政 2－339	石质缘石安砌	m	30.02	124.31	1 151.75	0.00	—	—	—
		合　计			142.67	1 210.86	0.00	—	—	—
	每延米路边石单价(合计/清单量)				4.75	40.33	0.00	3.16	2.03	50.27

表 1-6　分部分项工程量清单综合单价计算表

工程名称:某小游园　　计量单位:m^2

工程数量:59.00

项目名称:园路广场砖铺装　　综合单价:145.86 元

序号	定额编号	工程内容	单位	数量	其中					小计
					人工费	材料费	机械费	管理费	利润	
1	土建 1－56	原土夯实	m^2	59.00	28.97	0.00	8.74	—	—	—
2	装饰 1－7	砂砾天然级配	m^3	17.00	455.60	280.67	9.35	—	—	—
3	装饰	找平层	m^2	59.00	288.32	304.64	21.08	—	—	—
4	装饰 1－150	广场砖铺装	m^2	59.00	971.04	3 685.60	21.08	—	—	—
5	2－6	混凝土垫层	m^3	10.20	403.92	1 053.66	185.74	—	—	—
		合　计			2 147.85	5 324.57	245.99	—	—	—
	每平方米广场砖路面单价(合计/清单量)				36.40	90.25	4.17	9.16	5.89	145.86

【例 3】 某小区景观大道两侧现浇制作标准型白色水磨石飞来椅,凳脚刷乳胶漆两遍。飞来椅总长 45m,计算其清单项目分部分项工程费。

【解】 (1)该钢筋混凝土飞来椅分部分项工程量清单的编制

项目名称:钢筋混凝土飞来椅

1)标准白色水磨石;

2)凳脚刷乳胶漆两遍;

3)飞来椅总长 45m。

计算单位:m

工程数量:依据工程量计算规则,该清单项目数量为 45.00m。

将上述结果及相关内容填入"分部分项工程量清单",见表 1-7。

表 1-7 分部分项工程量清单

工程名称:×××　　　　第×页,共×页

序号	项目编码	项目名称	计量单位	工程数量
1	050304002001	钢筋混凝土飞来椅 1. 标准型白色水磨石 2. 凳脚刷乳胶漆两遍 3. 飞来椅总长 45m	m	45.00

(2)各部分项工程量清单计价表的编制

综合单价计算:

完成该工程项目发生的工作内容包括:白色水磨石飞来椅制安;凳脚椅背油漆(乳胶漆两遍)。工程内容费用计算如下:

1)白色飞来椅制作,工程量为 45m

①人工费:40 元/工日 ×8.814 工日/m ×45m = 15 865.2 元

②材料费:72.96 元/m ×45m = 3 283.2 元

③机械费:经测算,机械费为 16.5 元

④合计:19 164.9 元

2)凳脚椅背油面漆工程费用计算

经测算,每米飞来椅实际油漆面积 $1.50m^2$,则其工程量为 $1.50m^2 \times 45 = 67.5m^2$。

①人工费:40 元/工日 ×5.762 5 工日 = 230.50 元

②材料费:226.50 元

③合计:457.00 元

3)综合

①直接费合计:19 621.9 元

②管理费(含合理风险费):依据以往管理经验,经测算以直接费为基础,管理费率为 25%,管理费 = 直接费 × 管理费率 = 19 621.9 元 ×25% = 4 905.48 元

③利润:(直接费 + 管理费)×7% = (19 621.9 + 4 905.48)元 ×7% = 1 716.92 元

④总计:26 244.30 元

⑤综合单价:总价/工程数量 = 26 244.30 元/50m^2 = 524.886 元/m^2

分部分项工程量清单综合单价见表 1-8。

表 1-8 分部分项工程量清单综合单价计算表

工程名称:×××　　计量单位:m

工程数量:45.00m

项目名称:钢筋混凝土飞来椅　　综合单价:524.886 元

序号	定额编号	工程内容	单位	数量	其中					小计
					人工费	材料费	机械费	管理费	利润	
	估算	白色钢筋混凝土制安	m	1.000	352.56	72.96	0.33	—	—	—
	估算	凳脚椅背刷乳胶漆	m^2	1.500	4.61	4.53	—	—	—	—
		合　计			357.17	77.49	0.33	109.01	38.15	524.886

【例 4】 某住宅小区安装一座金属花架,采用 4 根 120mm×80mm 的方钢管做主骨架,形状为拱门形,每根主骨架间距为 0.45m,纵向中 5 根 80mm×50mm 方钢管连接,花架最高处为 3.6m,宽 1.8m,花架外表面为喷塑处理,花架钢管重量为 0.5t,编制该项目的工程量清单并计价。

【解】 (1)清单编制

1)清单项目设置及工程内容见表 1-9。

表 1-9 分部分项工程量清单

序号	项目编码	项目名称	计量单位	工程数量
1	050303004001	金属花架 主骨架 4 根 120mm×80mm 方钢管,次骨架 5 根 80mm×50mm 方钢管,花架高 3.6m,花架外表面为喷塑处理	t	0.5

(2)清单计价

1)施工说明:本花架为入口造型,骨架造型要求煨弯自然,由于景观要求,骨架在工厂内进行煨弯处理,表面喷塑也是在工厂内加工完成,到现场直接进行骨架安装。

2)计价时依据消耗量定额计价,骨架煨弯造型、骨架表面喷塑按市场价格计算,其他材料、人工、机械均按消耗量定额和参考价目表价格计取,管理费和利润分别按人工费、材料费、机械费之和的 7% 和 4.5% 考虑。清单各项工程内容费用总和除以清单量即为该项目的综合单价,见表 1-10。

表 1-10　分部分项工程量清单综合单价计算表

工程名称:×××　　　　　　　　　　　　　　　　　　　　　　　　　计量单位:t

项目编码:050303004001　　　　　　　　　　　　　　　　　　　　　工程数量:0.5

项目名称:金属花架　　　　　　　　　　　　　　　　　　　　　综合单价:12 692.52 元

序号	定额编号	工程内容	单位	数量	其中					小计
					人工费	材料费	机械费	管理费	利润	
1	补－1	成品花架制作	t	0.5	801.88	3 075.00	1 443.93	372.46	239.44	5 932.71
2	6－71	成品花架安装	t	0.5	161.85	15.50	57.76	16.46	10.58	262.15
3	补－2	固定螺栓校正	个	8	80.00	40.00	40.00	11.20	7.20	178.40
		合　计			1 043.73	3 130.50	1 541.69	400.12	257.22	6 373.26
	每吨花架单价(合计/清单量)				2 087.46	6 261.00	3 029.38	800.24	514.44	12 692.52

注:1. 补－1 中工程内容包含金属的切割、拉弯,花架的制作,花架表面的除锈、喷塑等处理。

2. 补－2 中工程内容主要是对安装花架用螺栓的矫正,因为花架是整体安装,所以安装精度要求较高。

【例 5】　某公园绿化工程需整理绿化用地,现场绿化用地基本平衡,经招标人测算,工程量为 4283.00m²,土质为二类土,弃渣土运距为 5km,计算该绿化工程清单项目分部分项工程费。

【解】　(1)该整理绿化用地分部分项工程量清单的编制

项目名称:整理绿化用地

1)现场绿化用地基本平整;

2)土质为二类土;

3)弃渣土运距为 5km。

计量单位:m²

工程数量:依据工程量计算规则,该清单项目数量为 4 283m²。

将上述结果及相关内容填入"分部分项工程量清单",见表 1-11。

表 1-11　分部分项工程量清单

工程名称:×××

序号	项目编码	项目名称	计量单位	工程数量
1	×××××××	整理绿化用地 1. 现场绿化用地基本平整 2. 土质为二类土 3. 弃渣土运 5km	m²	4 283

(2)分部分项工程量清单计价表的编制

综合单价计算:

完成该工程项目发生的工作内容包括:人工整地、原土过筛、人工装土、机械运渣土。

1)计算工程量:

根据施工方案和现场情况,经测算:

①人工整地:4 283.00m^2

②原土过筛:1 215.50m^2

③人工装土:217.35m^3

④机械运渣土:217.35m^3

2)计算清单项目工程量包含工程的费用

根据市场供求行情,参考有关消耗量定额,各工程内容分别计算如下:

①人工平整场地

a.人工费:25 元/工日 ×0.045 工日/m^2 ×4 283.00m^2 =4 818.38 元

b.机械费:0.03 元/m^3 ×4 283m^3 =128.49 元

c.合计:4 946.87 元

②原土过筛

a.人工费:25 元/工日 ×0.165 工日/m^3 ×1 215.50m^3 =5 013.94 元

b.机械费:0.09 元/m^3 ×1 215.50m^3 =109.40 元

c.合计:5 123.34 元

③人工装土

a.人工费:25 元/工日 ×0.165 工日/m^3 ×217.35m^3 =896.57 元

b.机械费:0.09 元/m^3 ×217.35m^3 =19.56 元

c.合计:916.13 元

④机械运土渣,工程量为 217.35m^3

a.材料费:0.038 元/m^3 ×217.35m^3 =8.26 元

b.机械费:12.44 元/m^3 ×217.35m^3 =2 703.83 元

c.合计:2 712.09 元

⑤综合

a.直接费合计:13 698.43 元

b.管理费(含合理风险费):依据以往管理经验,经测算以直接费为基础,管理费率为25%,管理费 = 直接费 × 管理费率 = 13 698.43 ×25% =3 478.95 元

c.利润:(直接费 + 管理费) ×7% =(13 698.43 +3 478.95) ×7% =1 217.63 元

d.总计:18 612.36 元

e.综合单价:总价/工程数量 =18 612.36 元/4 283m^2 =4.35 元/m^2

分部分项工程量清单综合单价见表 1-12。

表 1-12　分部分项工程量清单综合单价计算表

工程名称:×××　　　　计量单位:m^2

项目编码:××××××　　　　工程数量:4 283m^2

项目名称:整理绿化用地　　　　综合单价:4.35 元

序号	定额编号	工程内容	单位	数量	其中/元					小计
					人工费	材料费	机械费	管理费	利润	
	估算	人工整地	m^2	4 283.000	1.13	0.00	0.03	—	—	—
	估算	原土过筛	m^3	1 215.500	1.24	0.00	0.03	—	—	—

续表

工程名称：×××　　计量单位：m²

项目编码：××××××　　工程数量：4 283m²

项目名称：整理绿化用地　　综合单价：4.35 元

序号	定额编号	工程内容	单位	数量	其中/元					小计
					人工费	材料费	机械费	管理费	利润	
	估算	人工装土	m^3	217.350	0.21	0.00	0.00	—	—	—
	估算	机械运土渣	m^3	217.350	0.00	0.00	0.62	—	—	—
		合　计			2.58	0.00	0.68	0.80	0.28	4.35

【例 6】 某城市小广场要栽植国槐 10 株，胸径 7～8cm；青扦云杉 20 株，株高 3.5m，土球直径约为 70cm。丁香 10 株，冠丛高 1.0m，紫叶小檗色带 20m²，色带宽 1.0m，密度 16 株/m²，高度 30cm，上述树木为春季种植，养护期为一年，原地土质不适于种植，需换土，编制该项目的工程量清单并计价。

【解】 (1)清单编制

1)清单项目设置为(表 1-13)：

050102001001 栽植乔木，国槐树胸径 7～8cm，养护期一年，种植需换土；

050102001002 栽植乔木，青扦云杉株高 3.5m，养护期一年，种植需换土；

050102004001 栽植灌木，丁香冠丛高 1.0m，养护期一年，种植需换土；

050102007001 栽植色带，紫叶小檗高度 30cm，养护期一年，种植需换土。

2)以上项目工程内容均包含：起挖、运输、栽植、养护。

表 1-13　分部分项工程量清单

序号	项目编码	项目名称	计量单位	工程数量
1	050102001001	栽植乔木 国槐，胸径 7～8cm，养护期一年，起挖、运输、栽植、养护	株	10
2	050102001002	栽植乔木 青扦云杉，株高 3.5m，土球直径约为 70cm，养护期一年，起挖、运输、栽植、养护	株	20
3	050102004001	栽植灌木 丁香，冠丛高 1.0m，养护期一年，起挖、运输、栽植、养护	株	10
4	050102007001	栽植色带 紫色小檗株高 30cm，密度 16 株/m²，养护期一年，起挖、运输、栽植、养护	m²	20.00

(2)清单计价

1)拟采用的施工方案为:本次施工时间为春季,树木均为定植,本次种植苗木均为圃地苗,丁香要求不少于8个条,紫色小檗为3年生,国槐、丁香、紫叶小檗为裸根栽培,青扦云杉为带土球栽植,土球直径约为70cm,土球完整;国槐、青扦云杉苗木较大,需打支撑;本次施工的地区,原有土质不宜回填,需对其进行换土处理,种植土需外购。本次施工所植苗木养护期为一年,养护期内苗木需浇水4次,松土2次,施肥1次,修剪整理1次。

2)计价时依据消耗量定额计价,为方便计算,除苗木、种植土采用市场价格外,人工、材料、机械消耗量及其他材料价格均按消耗量定额和参考价目表计取,管理费和利润分别按人工费、材料费、机械费之和的7%和4.5%考虑。清单各项工程内容费用总和除以清单量即为该项目的综合单价。

3)计算综合单价

参照《消耗量定额》参考价目表及材料市场价格,计价时人工、材料、机械的消耗量及价格确定如下:

①人工费30元/工日,苗水费:国槐200元/株,青扦云杉500元/株,丁香25元/株,紫色小檗2.5元/株,种植土市场价32元/m^3。

②国槐,栽植时要打树木支撑,养护期一年内,需浇水4次,松土2次,施肥1次,国槐可裸根栽植,需人工换土0.14m^3/株。

③青扦云杉,栽植时要打树木支撑,养护期一年内,需浇水4次,松土2次,施肥1次,青扦云杉需带土球栽植,土球直径0.7m,需人工换土0.28m^3/株。

④丁香,养护期一年内,需浇水4次,松土2次,施肥1次,修剪1次,可裸根栽植,需人工换土0.02m^3/株。

⑤紫叶小檗,养护期一年内,需浇水4次,松土2次,施肥1次,修剪1次,可裸根栽植,需人工换土0.02m^3/株。

⑥浇水每次为0.0143m^3/株,换土数量参考1994年《全国统一市政及园林工程预算定额河南省单位估价表》。

【例7】 园路工程量清单的编制及计价

【解】 (1)如图1-1所示,园路的尺寸为12m×4m,2:8灰土垫层150mm厚,C15豆石麻面混凝土路面15cm厚。

1)经业主根据施工图计算:

园路:$12m \times 4m = 48m^2$

垫层:$48m \times 0.15m = 7.2m^3$

2)投标人计算:

①2:8灰土垫层,7.2m^3

a. 人工费:28.22元/m^2 ×7.2m^3 =203.18元

b. 材料费:14.84元/m^2 ×7.2m^3 =106.85元

c. 机械费:0.54元/m^2 ×7.2m^3 =3.89元

②豆石麻面混凝土路面15cm厚

a. 人工费:8.08元/m^2 ×48m^2 =387.84元

b. 材料费：21.64 元/m^2 ×48m^2 =1 038.72 元

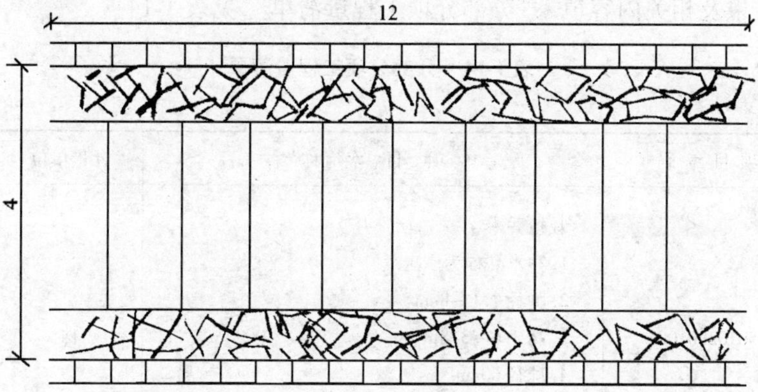

图 1-1

c. 机械费：0.06 元/m^2 ×48m^2 =2.88 元

③豆石麻面混凝土路面增 3 个

a. 人工费：0.57 元/m^2 ×48m^2 ×3 =82.08 元

b. 材料费：1.78 元/m^2 ×48m^2 ×3 =256.32 元

c. 机械费：无

④综合

a. 直接费合计：2 081.76 元，其中人工费 673.1 元

b. 管理费：673.1 元 ×38% =255.78 元

c. 利润：(673.1 ×19% +2 081.76) 元 ×7% =154.68 元

d. 总计：2 081.76 元 +255.78 元 +154.68 元 =2 492.22 元

e. 综合单价：2 492.22 元/48m^2 =51.92 元/m^2

【例 8】 某公园绿化改造工程中需种植广玉兰（胸径 7.1 ~8cm，高 3.6 ~3.8m，球径 60cm，定杆高 2.0 ~2.5m）11 株，据招标文件要求，苗木需采用本地苗木，养护期为 1 年。计算该绿化改造工程清单项目分部分项工程费。

【解】 (1)该“栽植乔木”分部分项工程量清单的编制根据“4.1.2 栽植花木”

该项目编码为 050102001001

项目名称：栽植乔木

1)乔木品种为广玉兰；

2)胸径 7.1 ~8cm；

3)高 3.6 ~3.8m；

4)球径 60cm；

5)定杆高 2.0 ~2.5m；

6)养护期为 1 年。

计算单位：株

工程数量:依据工程量计算规则“按设计图示以数量计算”,该清单项目数量为11 株。

将上述结果及相关内容填入“分部分项工程量清单”,见表 1-14。

表 1-14　分部分项工程量清单

工程名称:×××　　　　第×页,共×页

序号	项目编码	项目名称	计量单位	工程数量
1	050102001001	栽植乔木 1. 乔木品种为广玉兰 2. 胸径 7.1 ~ 8cm 3. 高 3.6 ~ 3.8m 4. 球径 60cm 5. 定杆高 2.0 ~ 2.5m 6. 养护期为 1 年	株	11

(2)分部分项工程量清单计价表的编制

1)综合单价计算:

完成该工程项目发生的工作内容包括:起掘、运输、栽植、养护。

计算工程量:

①栽植乔木 = 11 株(工作内容包括:起挖、运输、栽植)

②养护乔木 = 11 株/月 ×12 月

(3)计算清单项目工程量包含工程的费用

1)栽植乔木费用:

根据市场行情,广玉兰为 186 元/株(运至工地的完全价格)。人工费按 40 元/工日,根据以往经验,种植 11 株广玉兰需要 2 个工日,经测算,需要的其它材料费 40 元,则:

①人工费:40 元/工日 ×2 工日 = 80 元

②材料费:186 元/株 ×11 株 + 40 元 = 2 086 元

③合计:2 166 元

2)养护费用:

根据以往类似树木的养护经验,并考虑广玉兰死亡补植费用,经计算,养护费用为 5 元/(月·株) ×11 株 ×12 月 = 660 元,其中人工费 366.7 元,材料费 293.3 元

3)综合

①直接费用合计:2 826 元

②管理费(含合理风险费):依据以往管理经验,经测算以直接费为基础,管理费率为 25%,管理费 = 直接费 × 管理费率 = 2 826 元 ×25% = 706.5 元

③利润:(直接费 + 管理费) ×7% = (2 826 + 706.5)元 ×7% = 247.30 元

④总计:3 779.78 元

⑤综合单价:总价/工程数量 = 3 779.78 元/11 株 = 343.62 元/株

分部分项工程量清单综合单位见表 1-15。

表 1-15　分部分项工程量清单综合单价计算表

工程名称：× × ×　　　　计量单位：株

项目编码：050102001001　　　　工程数量：11 株

项目名称：栽植乔木（广玉兰）　　　　综合单价：350.90 元

序　号	定额编号	工程内容	单　位	数　量	其中/元					小计
					人工费	材料费	机械费	管理费	利润	
	估算	栽植乔木	株	1.00	7.27	189.64	—	49.23	17.23	263.37
	估算	乔木养护	株	1.00	36.36	29.09	—	16.36	5.72	87.53
		合　计			43.63	218.73	—	65.59	22.95	350.90

【例 9】 花坛工程量计算（图 1-2 ~ 图 1-4）。

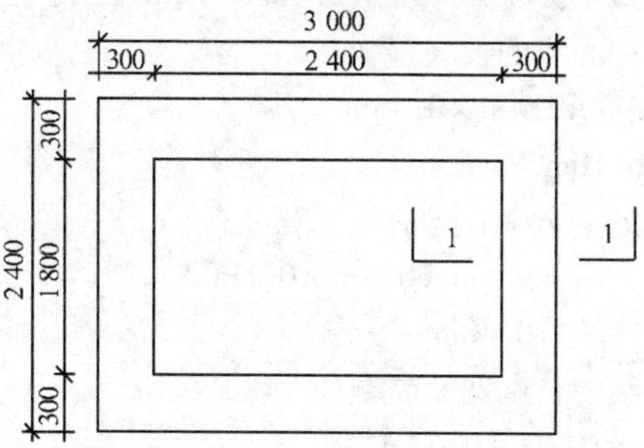

图 1-2　花坛平面图　（单位：mm）

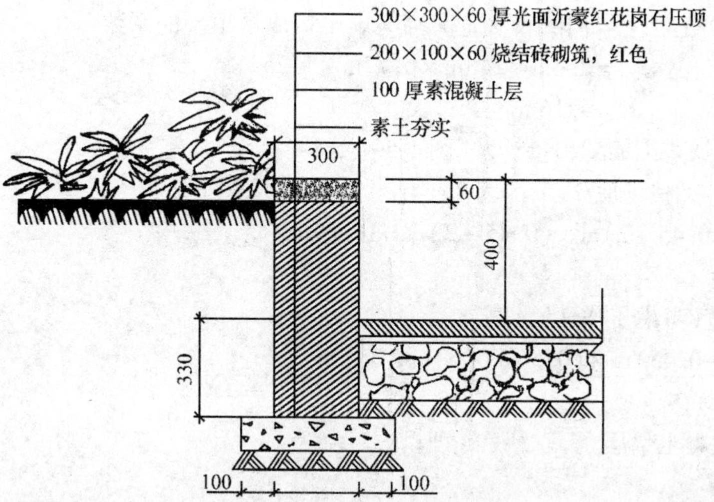

图 1-3　花坛剖面图　（单位：mm）

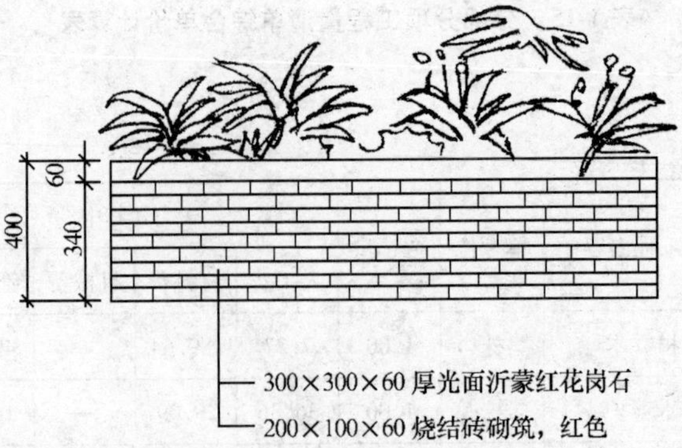

图 1-4　花坛立面图　（单位:mm）

【解】　(1)平整场地:S = 长 × 宽 = 3m × 2.4m = 7.2m^2

(2)人工挖地坑:V = 中心线的长 × 宽 × 高

= 3m × 2.4m × 0.43m

= 3.10m^3

(3)素混凝土基础垫层:V = 中心线的长 × 宽 × 高

= 9.6m × 0.5m × 0.1m

= 0.48m^3

(4)砌花池:V = 中心线的长 × 宽 × 高

= 9.6m × 0.3m × 0.67m

= 1.93m^3

(5)沂蒙红花岗石压顶:S = 中心线的长 × 宽

= 9.6m × 0.3m

= 2.88m^2

(6)回填种植土:V = 内圈长 × 宽 × 高 × 虚土折成松填土的系数

= 2.4m × 1.8m × 0.77m × 1.25

= 4.16m^3

【例 10】　铁艺围墙工程量计算(图 1-5 ~ 图 1-7)。

【解】　(1)平整场地

$S = (4.2 + 0.45 + 2)\text{m} \times (0.45 + 2)\text{m} = 16.29\text{m}^2$

(2)挖槽

V = 长 × 宽(考虑工作面) × 高

$= (4.2 + 0.45)\text{m} \times (0.56 + 0.6)\text{m} \times 0.52\text{m}$

$= 2.8\text{m}^3$

(3)C10 混凝土垫层

$V = V_{墙} + V_{柱}$

$= [(4.2 - 0.45) \times 0.56 \times 0.1 + 0.45 \times 0.45 \times 0.1 \times 2]\text{m}^3$

$= 0.25\text{m}^3$

(4)砖基础

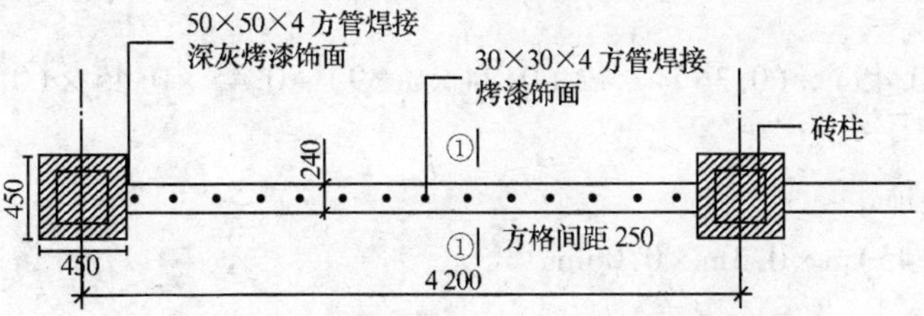

图 1-5　铁艺围墙平面图　（单位:mm）

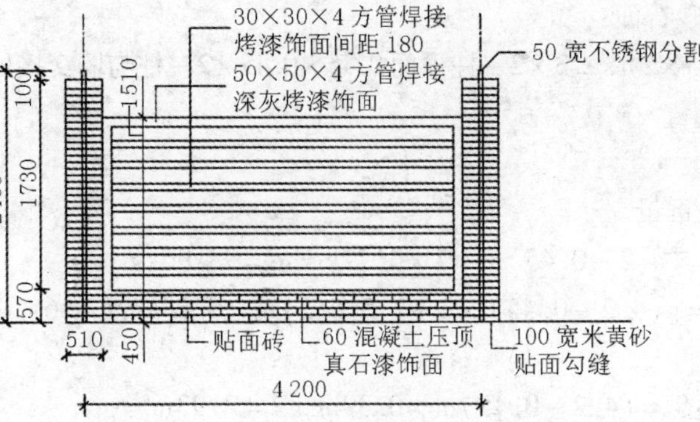

图 1-6　铁艺围墙立面图　（单位:mm）

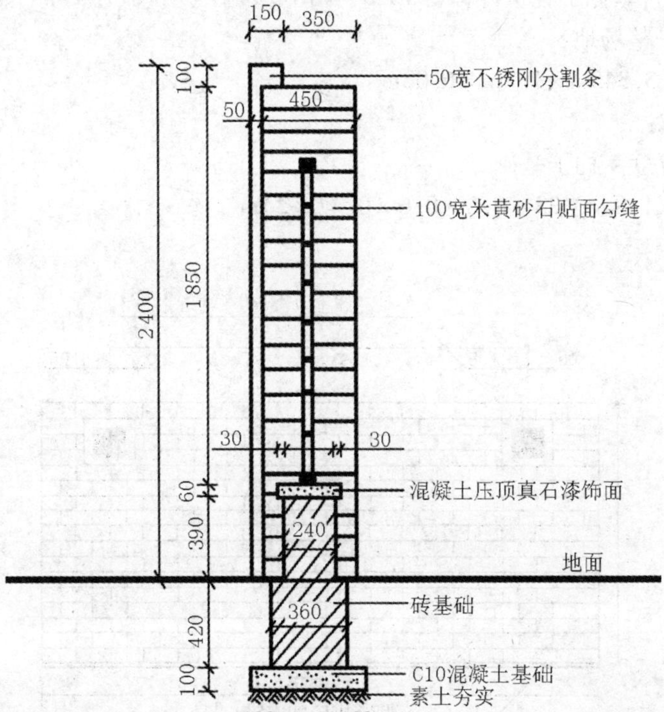

图 1-7　铁艺围墙 1-1 剖面图　（单位:mm）

$V = V_{墙} + V_{柱}$

$= [(4.2 - 0.45) \times (0.36 \times 0.42 + 0.24 \times 0.39) + 0.45 \times 0.45 \times (0.42 + 2.3) \times 2] m^3$

$= 2.02 m^3$

(5)混凝土压顶

$V = (4.2 - 0.45) m \times 0.3 m \times 0.06 m$

$= 0.068 m^3$

(6)压顶刷真石漆：$S = (4.2 - 0.45) m \times (0.3 + 0.18) m$

$= 1.8 m^2$

(7)柱面贴米黄砂石面：

S = [柱四周(0.45×2)×2.3×2 + 柱顶面0.45×0.45×2 − 柱与墙交接处0.24×0.39×2]m^2

$= 4.36 m^2$

(8)围墙铁饰：

重量 = 长×单位重量

30×30×4　重 = (4.2 − 0.45)m×7×3.77kg/m = 98.96kg

50×50×4　重 = [(4.2 − 0.45)×2 + 1.51×2]m×6.28kg/m = 66.07kg

总重 = 165.03kg

(9)墙面贴面砖：$S = (4.2 - 0.45) m \times 0.39 m \times 2 = 2.93 m^2$

(10)50mm宽不锈钢装饰条：$L = 2.4 m \times 2 = 4.8 m$

【例11】 自行车棚工程量计算(图1-8～图1-14)。

【解】 (1)平整场地

S = 长×宽 = $3.345 m \times 1.8 m = 6.02 m^2$

(2)开挖土方：

V = 面积×厚度 + 柱子基础

$= (3.345 \times 1.8 \times 0.23 + 0.6 \times 0.6 \times 0.47 \times 2) m^3$

$= 1.72 m^3$

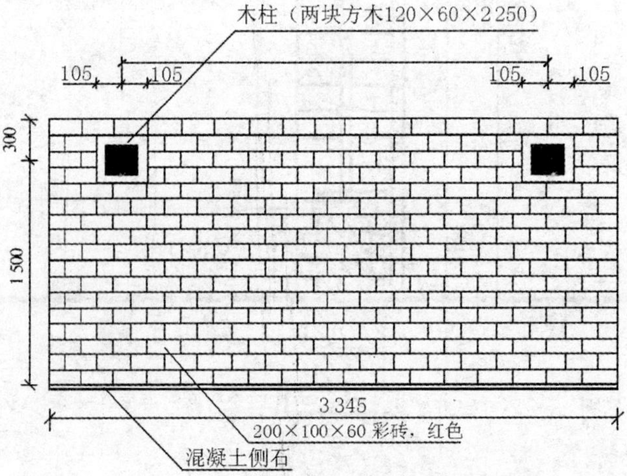

图1-8　自行车棚平面图　(单位:mm)

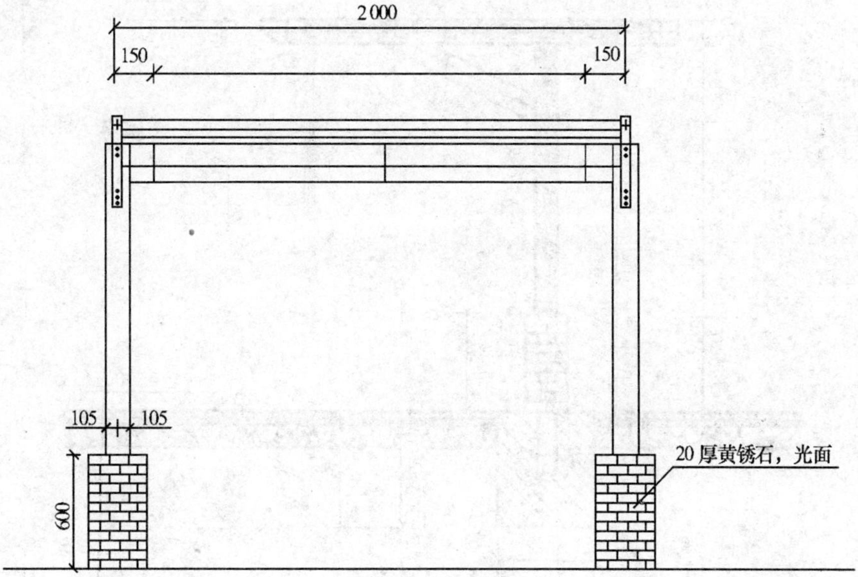

图 1-9　自行车棚立面图　（单位:mm）

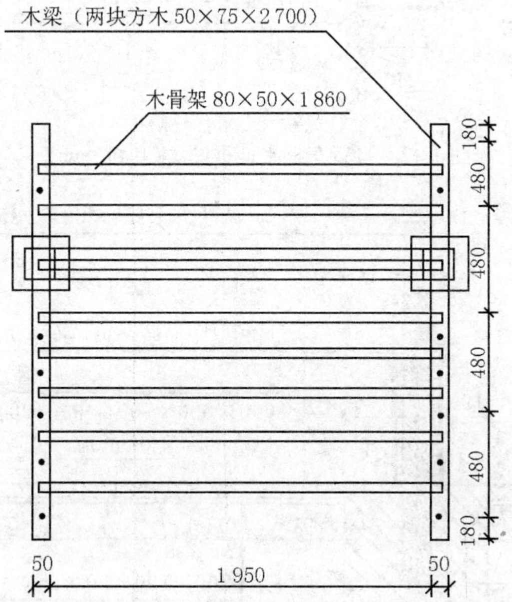

图 1-10　自行车棚架平面图　（单位:mm）

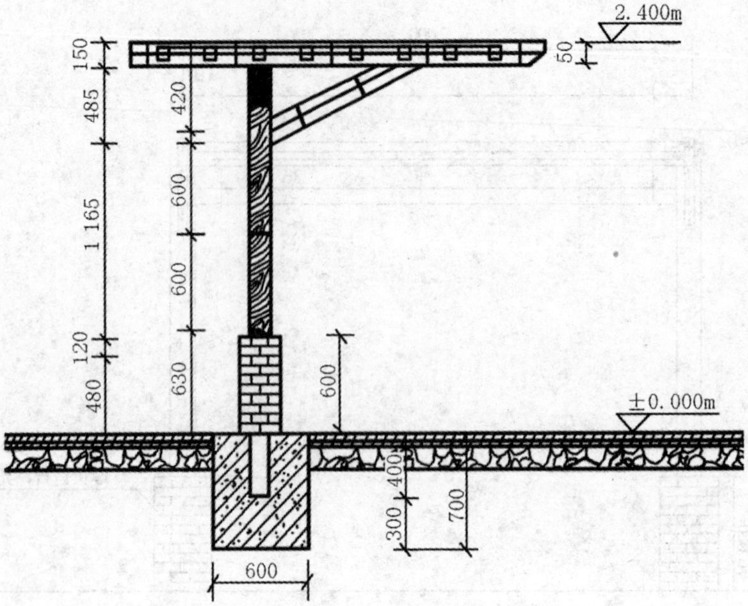

图 1-11　自行车棚剖面图　（单位:mm）

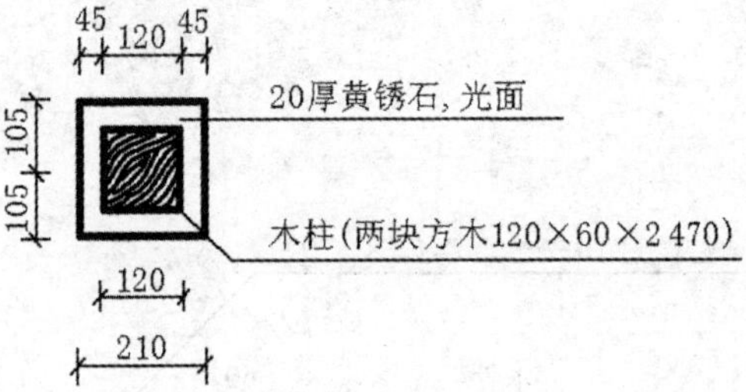

图 1-12　自行车棚平面详图　（单位:mm）

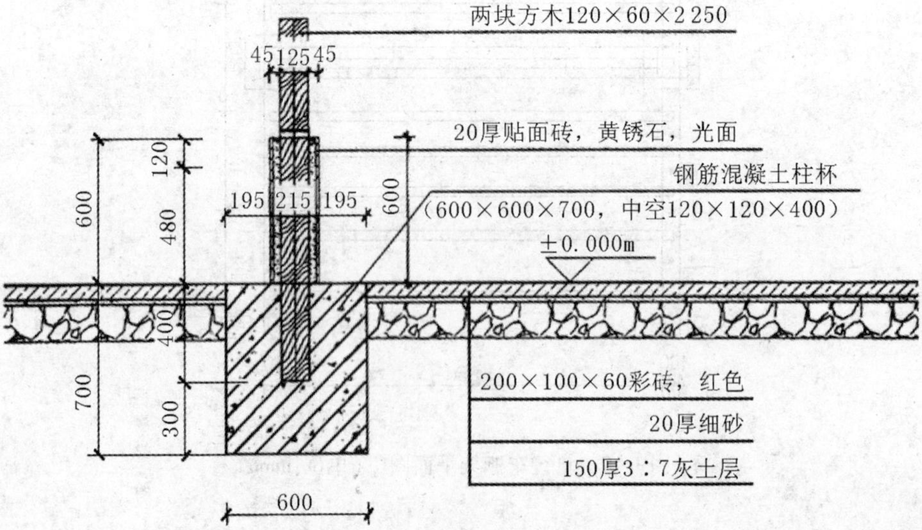

图 1-13　自行车棚基础详图　（单位:mm）

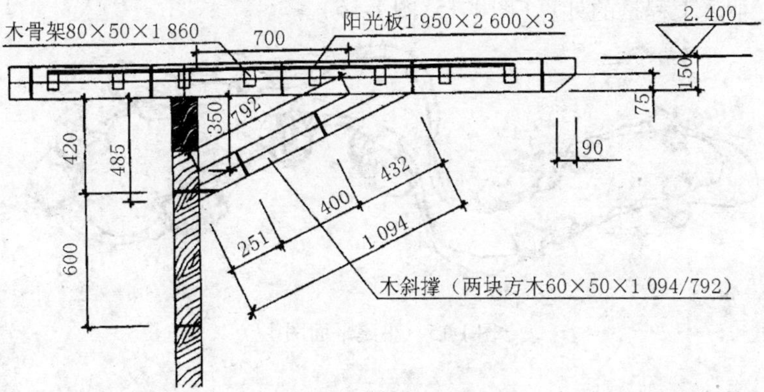

图 1-14　自行车棚架顶棚详图　（单位：mm）

(3)地面 3∶7 灰土

V = 面积 × 厚度 − 柱子处体积

= (3.345 × 1.8 × 0.15 − 0.6 × 0.6 × 0.15 × 2) m^3

= 0.80m^3

(4)铺地砖：

S = 实铺面积 − 柱子处占面积

= (3.345 × 1.8 − 0.6 × 0.6 × 2) m^2

= 5.3m^2

(5)柱下基础混凝土：

V = 实体积 = 0.6m × 0.6m × 0.7m × 2 = 0.504m^3

(6)木构架：

a. 木柱：实体积 × 个数 = 0.12 × 0.06 × 2 × 2 × 2.25m^2 = 0.065m^2

b. 木骨架：实体积 × 个数 = 1.86 × 0.05 × 0.08 × 4m^3 = 0.03m^3

c. 木梁：实体积 × 个数 = 2.7 × 0.05 × 0.075 × 4m^3 = 0.04m^3

d. 木斜撑：实体积 × 个数 = (0.06 × 0.05 × 1.092 × 2 + 0.06 × 0.05 × 0.791 × 2)m^3 = 0.01m^3

f. 总计 = 0.145m^3

(7)柱下黄锈石贴面：

S = 柱的周长 × 高 = 0.12 × 4 × 0.6 × 2m^2 = 0.58m^2

其工程量清单见表 1-16。

表 1-16　工程量清单表

序　号	项目名称	计量单位	工程数量
1	平整场地	m^2	6.02
2	开挖土方	m^3	1.72
3	地面 3∶7 灰土	m^3	0.80
4	铺地砖	m^2	5.3
5	柱下基础混凝土	m^3	0.50

【例 12】 小溪工程量的计算(图 1-15、图 1-16)。

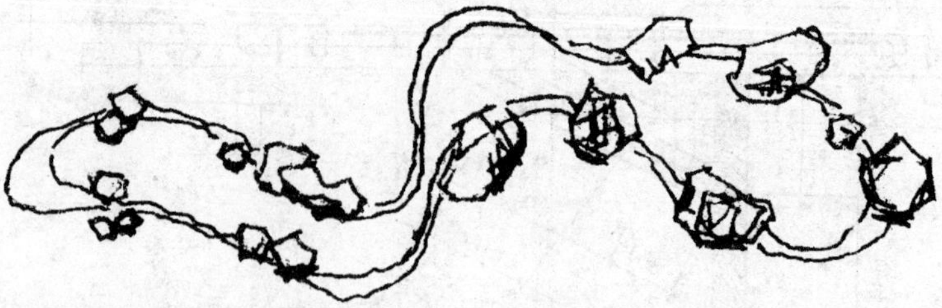

图 1-15 小溪平面图

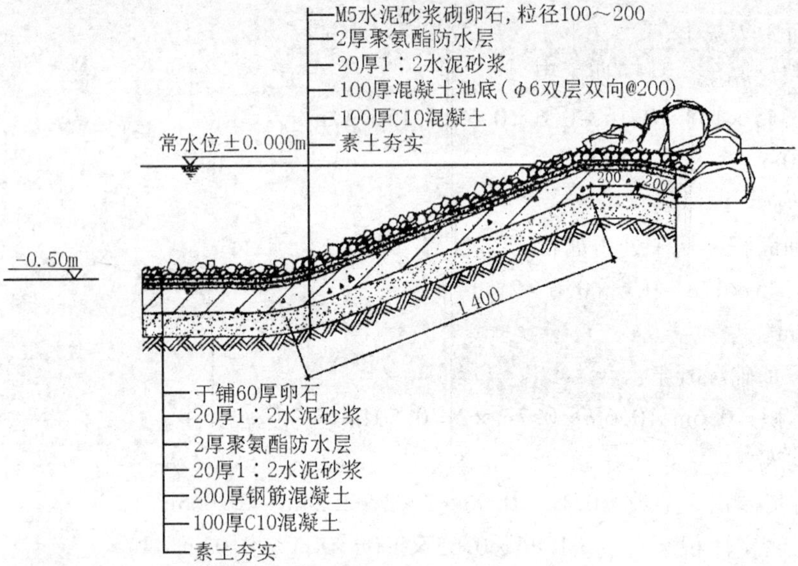

图 1-16 小溪剖面图 (单位:mm)

【解】 (1)平整场地:$S=452\text{m}^2$

(2)挖土方:$V=V_{底}+V_{坡}$

$=[452\times(0.5+0.347)+156\times1.8(约)\times均高0.25]\text{m}^3$

$=453.04\text{m}^3$

(3)原土夯实:$S=S_{底}+S_{坡}$

$=(452+156\times1.8)\text{m}^2$

$=732.8\text{m}^2$

(4)C10 混凝土垫层:

$V=V_{底}+V_{坡}$

$=(452\times0.1+156\times1.8\times0.1)\text{m}^3$

$=73.28\text{m}^3$

(5)混凝土池底坡：$V = V_{底} + V_{坡}$

$= (452 \times 0.2 + 156 \times 1.8 \times 0.2)m^3$

$= 146.56m^3$

(6)水泥砂浆找平层(两次)：

$S = S_{底} + S_{坡}$

$= [(452 + 156 \times 1.8) \times 2]m^2$

$= 1\,465.6m^2$

(7)抹聚氨酯防水层：

$S = S_{底} + S_{坡}$

$= (452 + 156 \times 1.8)m^2$

$= 732.8m^2$

(8)河床干铺卵石：

$S = (452 + 156 \times 1.8) \times 0.15m^3 = 109.92m^3$

(9)河床散放山石：$V_{估} = 48m^3$(竣工时按实结算)

(10)工程量清单表(表1-17)。

表1-17　工程量清单表

序号	项目编码	项目名称	计量单位	工程数量
1	053101001	平整场地	m^2	452
2	053101002	开挖土方	m^3	453.04
3	E.31.B	原土夯实	m^2	732.8
4	E.33.D	C10混凝土垫层	m^3	73.28
5	050306301	混凝土池底坡	m^3	146.56
6	053403003	水泥砂浆找平层	m^2	1465.6
7	053403002	抹聚氨酯防水层	m^2	732.8
8	050203003	河床干铺卵石	m^3	109.92
9	050202002	河床散放山石	m^3	48

【例13】 某小广场工程量计算(图1-17～图1-22)

【解】 (1)工程项目清单

1)整理绿化用地

$S = 851m^2$

2)栽植乔木

桧柏：高1.2～1.5m，2株

垂柳：胸径4.0～5.0cm，7株

龙爪槐：胸径3.5～4.0cm，4株

3)栽植乔木

大叶黄杨：高1～1.2m，4株

4)栽植灌木

金银木:高 1.5 ~ 1.8m,90 株

珍珠梅:高 1.0 ~ 1.2m,60 株

5)栽植花卉

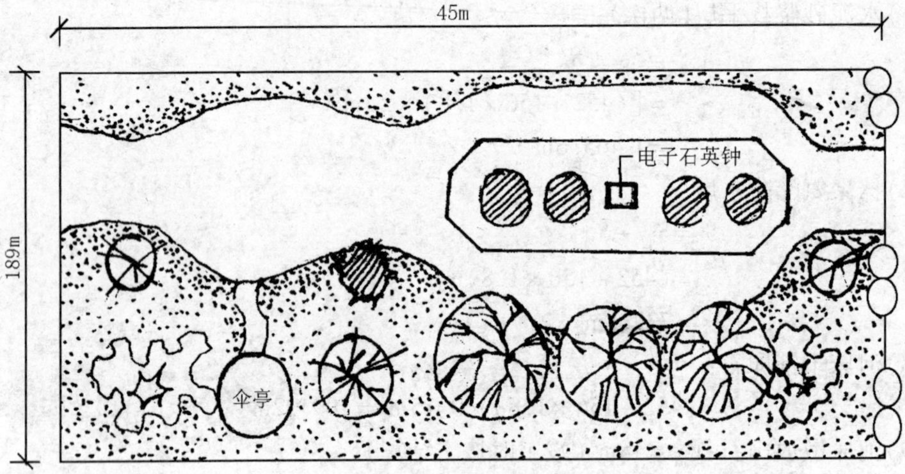

图 1-17　总平面图

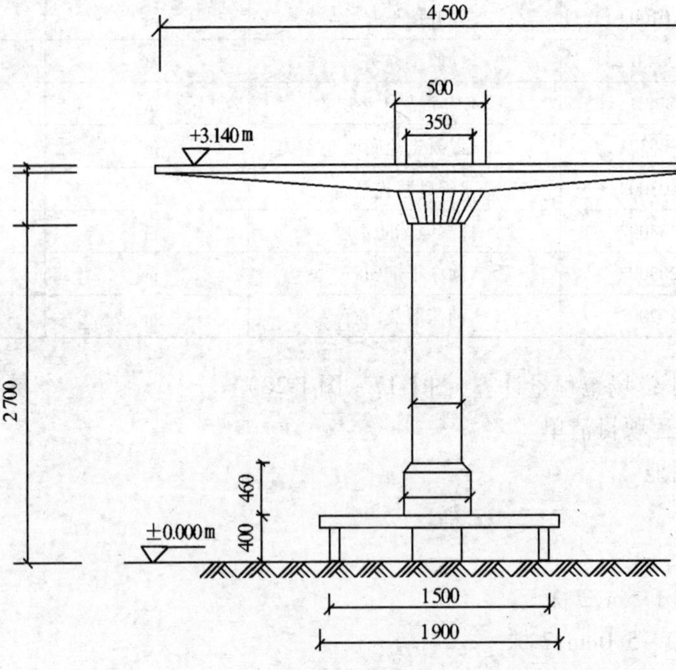

图 1-18　亭立面图

1. 本亭为圆式板亭

2. 该亭均为 C20 混凝土

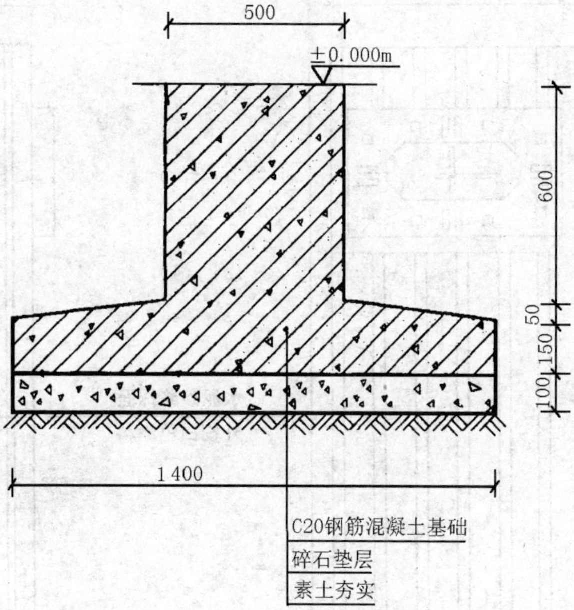

图 1-19　亭基础图

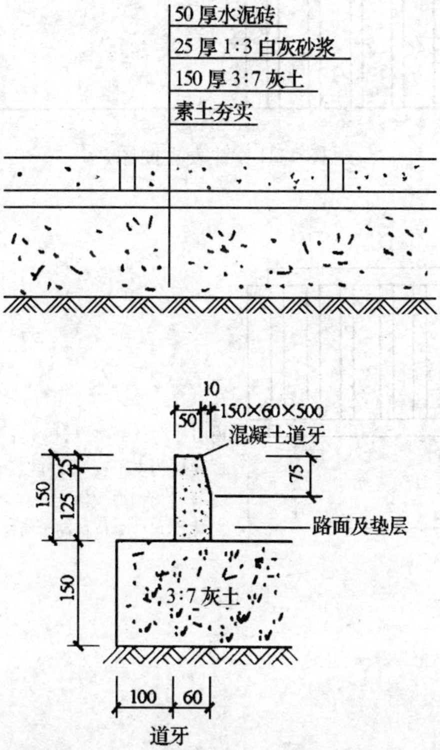

图 1-20　圆式板亭结构施工图

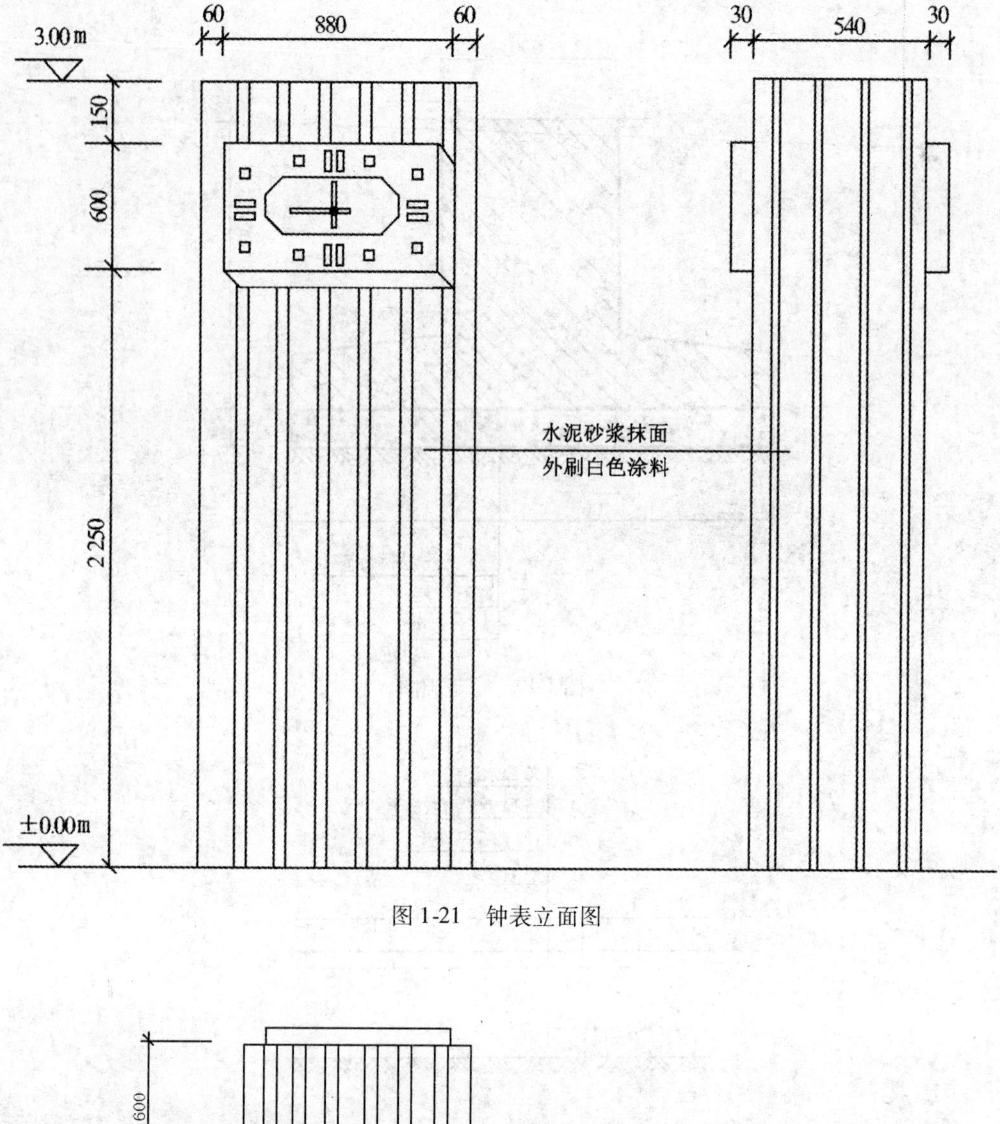

图 1-21　钟表立面图

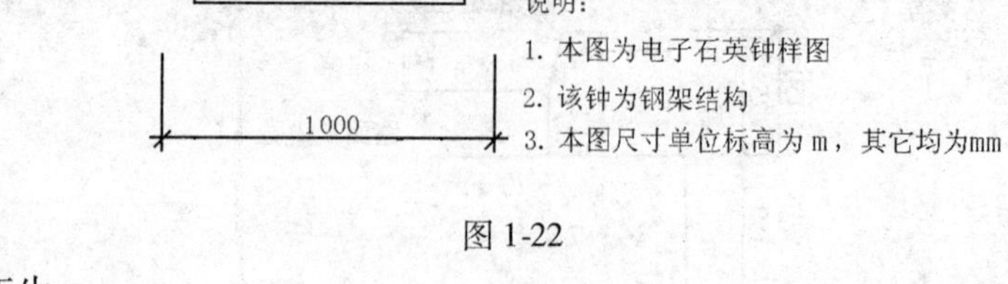

图 1-22

月季:二年生

6)铺种草皮

野牛草,草皮

7)八角花坛

①人工挖地槽:$33.2\text{m} \times 0.8\text{m} \times 0.4\text{m} = 10.62\text{m}^3$

②基础 3:7 灰土垫层:$33.2\text{m} \times 0.3\text{m} \times 0.4\text{m} = 3.98\text{m}^3$

③混凝土池壁：$33.2\text{m}\times1.1\text{m}\times0.2\text{m}=7.3\text{m}^3$

④池面贴大理石：$33.2\text{m}\times0.7\text{m}=23.24\text{m}^2$

8）伞亭

①挖地坑：$3.14\times0.7^2\times0.9\text{m}^3=1.38\text{m}^3$

②素土夯实：$3.14\times0.7^2\times0.15\text{m}^3=0.23\text{m}^3$

③砂石垫层：$3.14\times0.7^2\times0.1\text{m}^3=0.15\text{m}^3$

④混凝土基础：$\left[3.14\times0.7^2\times0.15+\frac{3.14\times0.05\times(0.7^2+0.25^2+0.7\times0.25)}{3}\right]\text{m}^3$

$=0.27\text{m}^3$

⑤混凝土伞板：

$\left[3.14\times2.25^2\times0.06+\frac{3.14\times0.08\times(0.25^2+2.25^2+0.25\times2.25)}{3}\right]\text{m}^3=1.43\text{m}^3$

9）电子石英钟

①混凝土柱：$3\text{m}\times1\text{m}\times0.6\text{m}=1.8\text{m}^3$

②水泥砂浆抹面：$3.2\text{m}\times3\text{m}+1\text{m}\times0.6\text{m}=10.2\text{m}^2$

③刷白色涂料：$3.2\text{m}\times3\text{m}+1\text{m}\times0.6\text{m}=10.2\text{m}^2$

【例 14】 花架廊工程（图 1-23 ~ 图 1-26）。

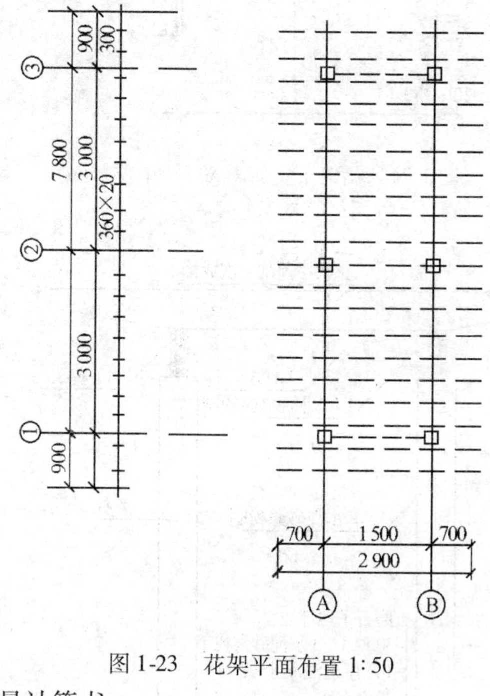

图 1-23　花架平面布置 1∶50

【解】 花架廊工程量计算书

（1）平整场地

$S=$长$\times$宽

长$=7.8\text{m}+2.0\text{m}\times2=11.8\text{m}$

宽$=2.9\text{m}+2.0\text{m}\times2=6.9\text{m}$

$S=11.8\text{m}\times6.9\text{m}=81.42\text{m}^2$

(2)人工挖土

V=长×宽×深×数量

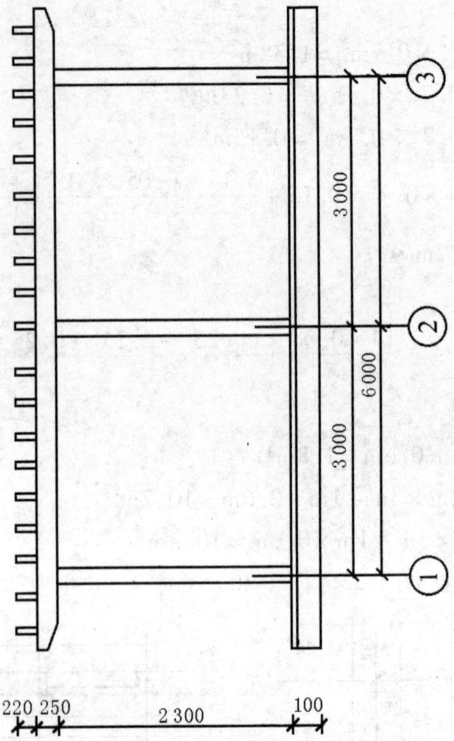

图 1-24　花架正立面 1∶50　（单位:mm）

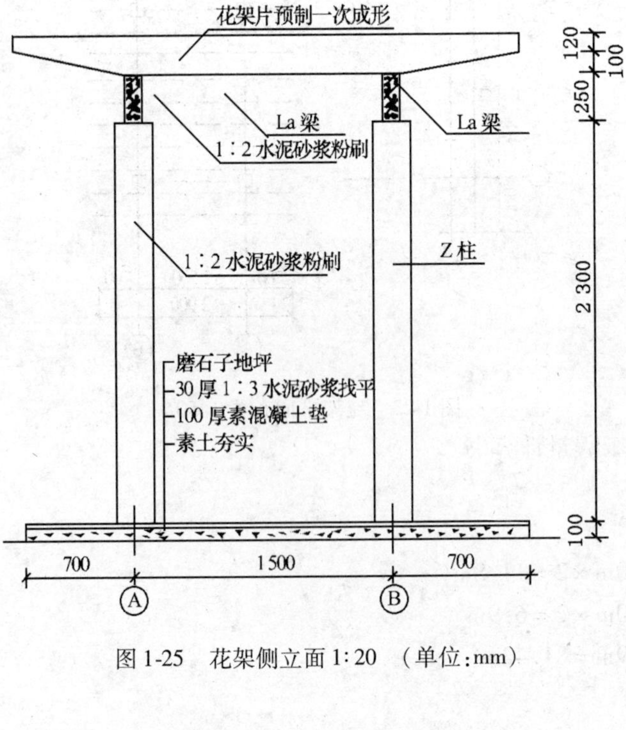

图 1-25　花架侧立面 1∶20　（单位:mm）

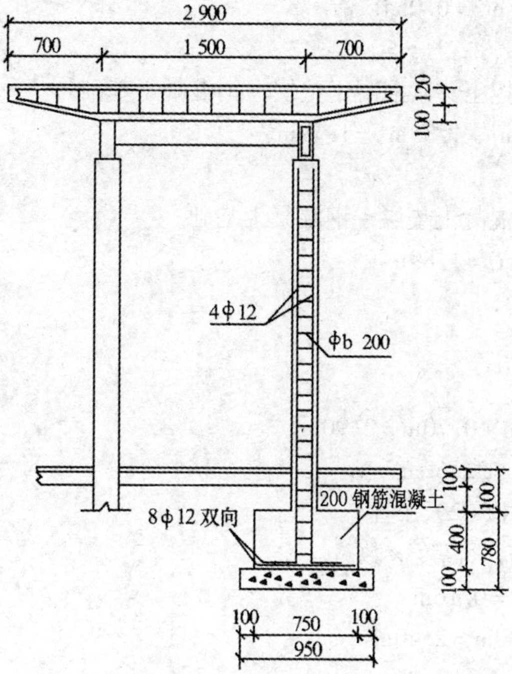

图 1-26　花架柱基础图 1∶20　（单位：mm）

长 = 宽 = 0.95m

深 = 0.78m − 0.10m = 0.68m

数量 = 6

V = 0.95m × 0.95m × 0.68m × 6

= 3.68m^3

(3) 钢筋混凝土基础

V = 长 × 宽 × 厚 × 数量

长 = 宽 = 0.75m

厚 = 0.40m

数量 = 6 只

V = 0.75m × 0.75m × 0.40m × 6

= 1.35m^3

(4) 钢筋混凝土模板

$S = V$ × 模板系数

V = 1.35m^3

模板系数 = 2.67m^{-1}

S = 1.35m^3 × 2.67m^{-1} = 3.60m^2

(5) 钢筋混凝土

$T = V$ × 钢筋系数

V = 1.35m^3

钢筋系数 = 0.04t/m^3

$T=1.35m^3\times0.04t/m^3=0.054t$

(6)人工回填土

人工回填土 = 人工挖土 - 素混凝土垫层 - 钢混凝土基础

$V=3.68m^3-0.54m^3-1.35m^3=1.79m^3$

(7)人工土外运

人工土方外运 = 素混凝土垫层 + 钢混凝土基础

$V=0.54m^3+1.35m^3=1.89m^3$

(8)地坪素土夯实

S = 长 × 宽

长 = 7.8m

宽 = 0.70m + 1.50m + 0.70m = 2.90m

$S=7.80m\times2.90m=22.62m^2$

(9)现浇钢混凝土柱(C20、工柱)

V = 截面面积($a\times b$) × 高度 × 数量

截面面积　　$a=b=0.16m$

高度 = 0.10m + 2.30m = 2.40m

数量 = 6 根

$V=0.16m\times0.16m\times2.40m\times6=0.369m^3$

(10)柱钢混凝土模板

$S=V\times$ 模板系数

$V=0.369m^3$

模板系数 = $25m^{-1}$

$S=0.369m^3\times25m^{-1}=9.225m^2$

(11)柱钢混凝土钢筋

$T=V\times$ 钢筋系数

$V=0.369m^3$

钢筋系数 = $0.125t/m^3$

$T=0.369m^3\times0.125t/m^3=0.046t$

(12)花架廊工程量汇总见表 1-18。

表 1-18　花架廊工程量汇总清单

序	项目名称	单　位	数　量
1	平整场地	m^2	81.42
2	一、二类土干土深度(在 1m 以内)	m^3	3.68
3	混凝土(无筋)现浇现拌混凝土	m^3	0.54
4	独立基础钢混凝土　现浇现拌混凝土	m^3	1.35
5	独立基础钢混凝土	m^2	3.60
6	独立基础钢混凝土	t	0.054

续表

序	项目名称	单　位	数　量
7	回填土基槽夯实	m^3	1.79
8	人工挑抬运距在 20m 以内	m^3	1.89
9	原土打夯地面	m^2	22.62
10	矩形柱断面周长 70cm 以内	m^3	0.369
11	矩形柱断面周长 70cm 以内	m^2	9.23
12	矩形柱断面周长 70cm 以内	t	0.046

【例 15】　某小游园(图 1-27)。

【解】　工程清单表见表 1-19。

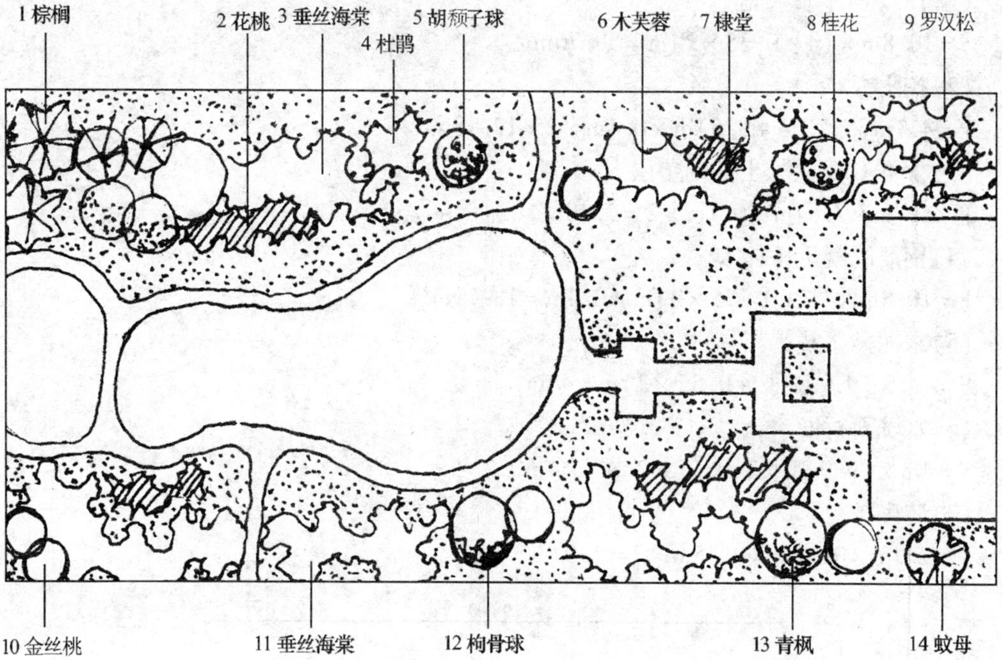

图 1-27　小游园平面图

表 1-19　工程苗木汇总清单

序	苗木名称	规格/cm	单　位	数　量
1	棕榈	$H = 121 \sim 150$	株	7
2	花桃	$P = 91 \sim 120$	株	8
3	垂丝海棠	$P = 141 \sim 160$	株	5
4	杜鹃	$P = 51 \sim 70$	株	11
5	胡颓子球	$P = 121 \sim 140$	株	4
6	木芙蓉	5 年生	株	10
7	棣堂	$P = 91 \sim 120$	株	9

续表

序	苗木名称	规格/*cm*	单　位	数　量
8	桂花	$H = 181 \sim 210$	株	2
9	罗汉松	$H = 151 \sim 180$	株	7
10	金丝桃	$P = 51 \sim 70$	株	12
11	垂丝海棠	$P = 141 \sim 160$	株	5
12	枸骨球	$P = 121 \sim 140$	株	2
13	青枫	$H = 201 \sim 220$	株	3
14	蚊母	$H = 181 \sim 210$	株	3

【例 16】 拱形桥工程量计算(图 1-28 ~ 图 1-30)。

【解】 (1)平整场地

$S = 10.8\text{m} \times (4 + 0.35 \times 2)\text{m} = 50.76\text{m}^2$

(2)挖土方

$V = 4.7\text{m} \times (2.64 + 0.6)\text{m} \times 0.4\text{m} \times 2 = 12.18\text{m}^3$

(3)桥下 C10 混凝土基础垫层

$V = 4.7\text{m} \times 2.64\text{m} \times 0.1\text{m} \times 2 = 2.48\text{m}^3$

(4)钢筋混凝土桥体

$V = 10.8\text{m} \times (4 + 0.175 \times 2)\text{m} \times 0.4\text{m} = 18.79\text{m}^3$

(5)水泥砂浆找平层

$S = 4\text{m} \times (9.9\,\text{弧长} + 0.55 \times 2)\text{m} = 44\text{m}^2$

(6)水洗石桥面

$S = 4\text{m} \times (9.9\,\text{弧长} + 0.55 \times 2)\text{m} = 44\text{m}^2$

(7)砖砌护拦

$V = 9.9\text{m} \times 0.12\text{m} \times 0.45\text{m} \times 2 = 1.07\text{m}^3$

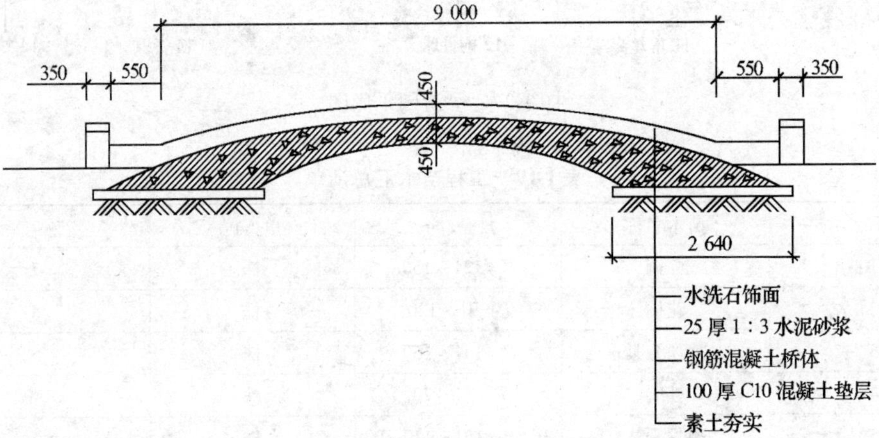

图 1-28　拱形桥立面图　(单位:mm)

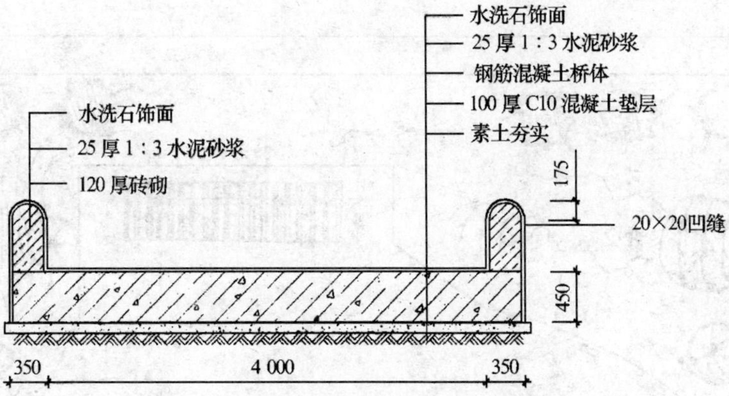

图1-29　拱形桥剖面图　(单位:mm)

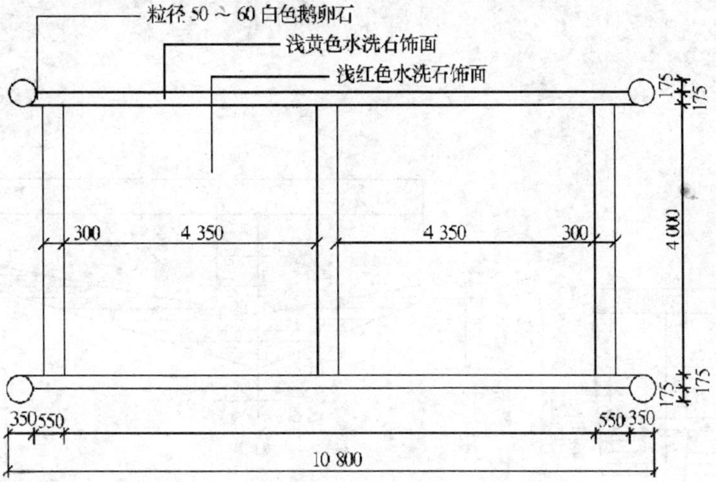

图1-30　拱形桥平面图　(单位:mm)

(8)水洗石护栏饰面

$S = 9.9\text{m} \times 0.72$(展开宽)$\text{m} \times 2 = 14.26\text{m}^2$

(9)桥面四角花岗石圆柱石:

$N = 4$ 个

【例17】 某小区游园(图1-31～图1-34)。

【解】 苗木清单见表1-20。

表1-20　草本清单表

序	苗木名称	规　格	数　量
1	雪松	$h5 \sim 6\text{m}$	5棵
2	垂柳	$h3 \sim 4\text{m}$	2
3	金银木	$h1.5 \sim 1.8\text{m}$	3
4	月季		12m^2

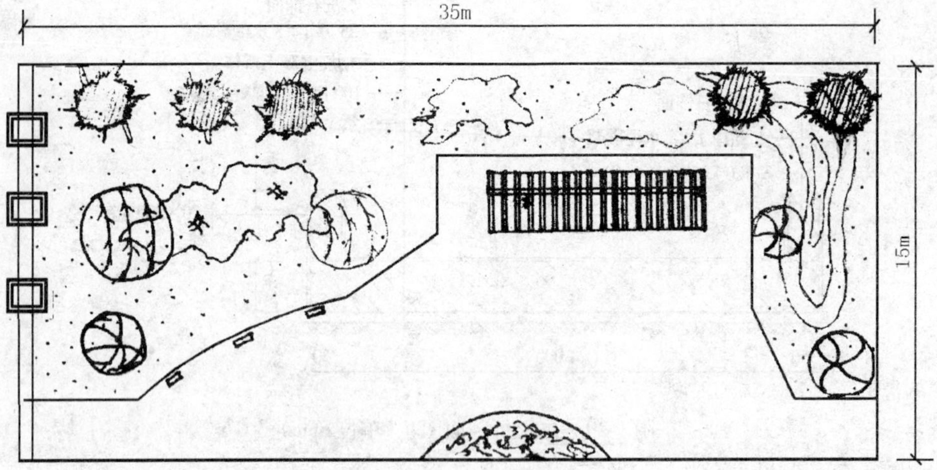

图 1-31　平面图

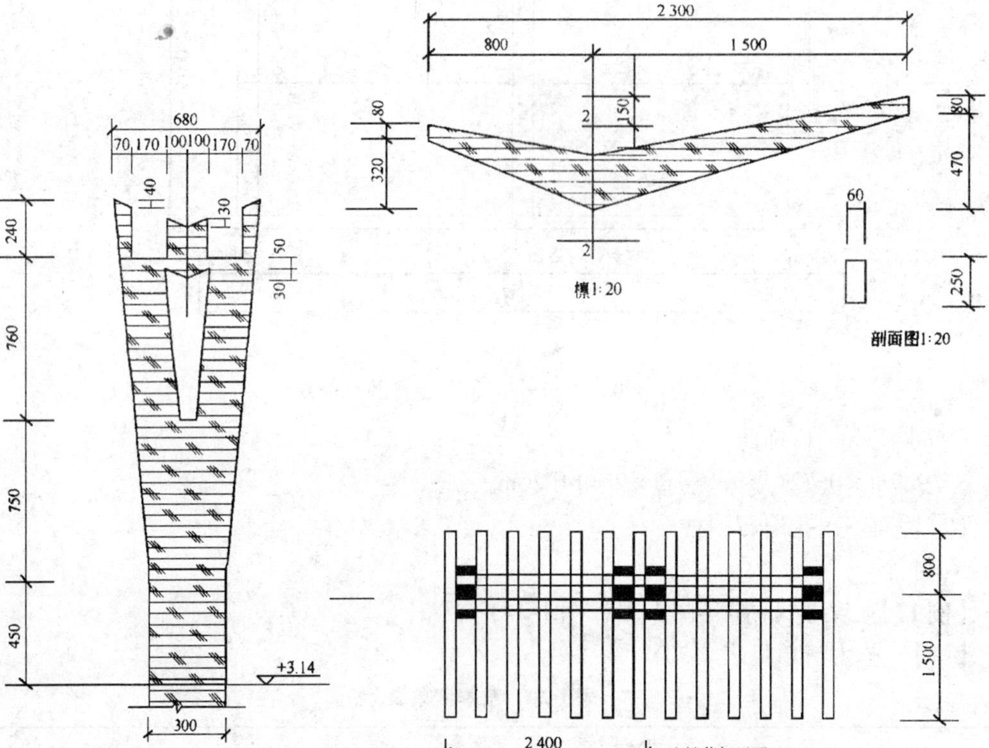

图 1-32　花架图

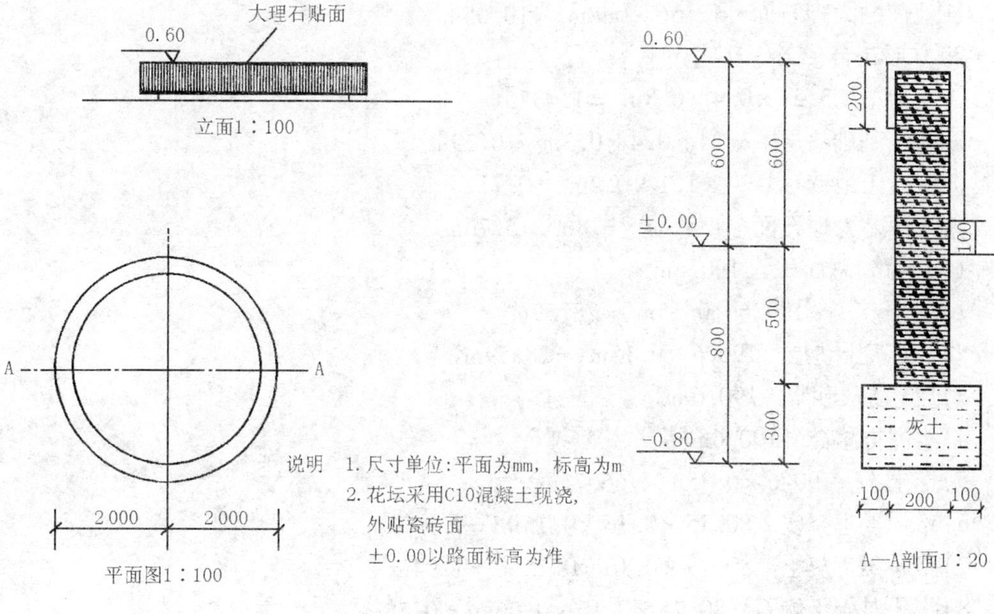

图 1-33 圆形花坛

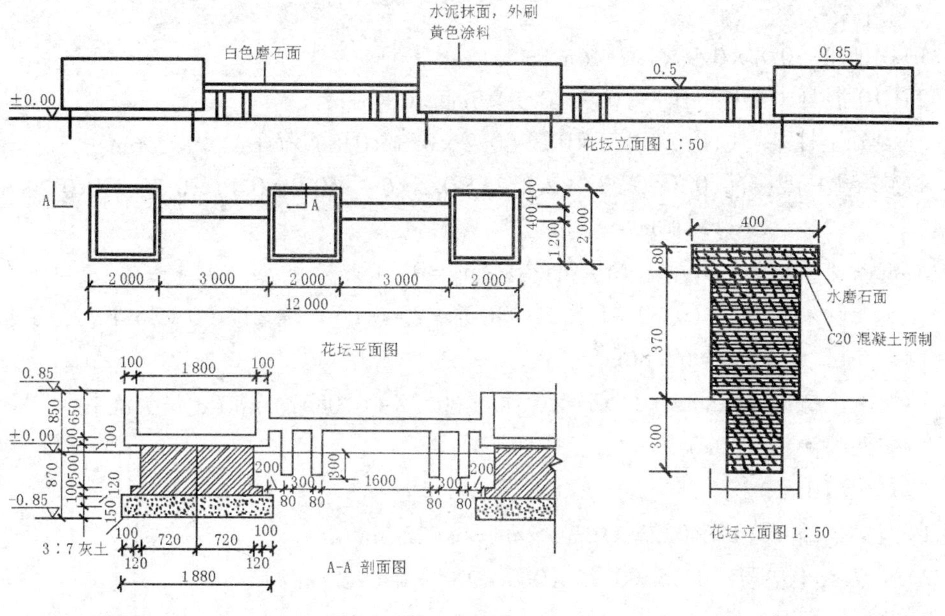

图 1-34 花坛平面图

【解】 (1)整理场地

$S = 长 \times 宽 = 35m \times 15m = 525m^2$

(2)花坛

1)圆形花坛(0.5 个)

①挖地槽　$11.932 \times 0.8m^3 = 3.82m^3$

②灰土基础垫层　$11.932 \times 0.4 \times 0.3m^3 = 1.43m^3$

③混凝土池壁　$11.932 \times 1.1 \times 0.2m^3 = 2.63m^3$

④池面贴大理石面　$12.56\times0.8\text{m}^3=10.05\text{m}^3$

2)方形花台(3 个)

①挖地槽　$3.24\times0.4\times0.8\text{m}^3=1.037\text{m}^3$

②灰土基础垫层　$3.24\times0.4\times0.3\text{m}^3=0.39\text{m}^3$

③混凝土池壁　$3.24\times1.1\times0.2\text{m}^3=0.71\text{m}^3$

④池面贴大理石面　$1.8\times4\times0.8\text{m}^3=5.76\text{m}^3$

(3)园路、总面积为 190.6m^2

1)素土夯实　$190.6\times0.15\text{m}^3=28.59\text{m}^3$

2)3∶7 灰土垫层　$190.6\times0.15\text{m}^3=28.59\text{m}^3$

3)1∶3 白灰砂浆　190.6m^2

4)水泥方格砖　190.6m^2

5)挖土方　$190.6\times0.35\text{m}^3=66.71\text{m}^3$

6)路牙素土夯实　$80.75\times0.16\times0.15\text{m}^3=1.94\text{m}^3$

7)路牙 3∶7 灰土　$80.75\times0.16\times0.15\text{m}^3=1.94\text{m}^3$

8)路牙混凝土侧石　$80.75\times0.16\times0.06\text{m}^3=0.78\text{m}^3$

9)路牙侧石安装　80.75m

(4)花架

1)挖地坑　$0.8\times0.9\times1.2\times6\text{m}^3=5.18\text{m}^3$

2)C10 混凝土垫层　$0.8\times0.9\times0.1\times6\text{m}^3=0.432\text{m}^3$

3)混凝土柱基　$[(0.7\times0.8\times0.3+0.2\times0.3\times0.8)\times6]\text{m}^3=1.296\text{m}^3$

4)混凝土柱架　$\{[(0.3+0.68)\times2.2/2]\times0.2\times6-[(0.2+0.1)\times0.76/2]\times0.2\times6\}\text{m}^3$
$=1.416\text{m}^3$

5)混凝土梁　$2.4\times3\times0.15\times0.24\times2\text{m}^3=0.518\text{m}^3$

6)水泥砂浆抹面　$[(0.89+1.52)\times(0.32\times2+0.06\times2)\times17+0.68\times4\times2.2\times6]\text{m}^2$
$=67.86\text{m}^2$

7)混凝土檩架　$(0.89+1.52)\times0.06\times(0.32+0.08/2)\times17\text{m}^3=0.885\text{m}^3$

8)檩架喷涂料　60.04m^2

(5)坐凳(3 个)

1)人工挖槽　$0.15\times0.25\times0.3\times2\text{m}^3=0.022\,5\text{m}^3$

2)3∶7 灰土垫层　$0.15\times0.25\times0.3\times2\text{m}^3=0.022\,5\text{m}^3$

3)混凝土预制　$(0.4\times1.2\times0.08+0.25\times0.15\times0.6\times2)\text{m}^3=0.083\text{m}^3$

4)水磨石面　$(0.35\times1.2+0.08\times1.2\times2)\text{m}^2=0.61\text{m}^2$

(6)植物

1)雪松	株	5
2)垂柳	株	2
3)金银木	株	3
4)月季	m^2	67.5
5)天堂草	m^2	334

【**例 18**】 工程量计算(伞亭)(图 1-35)

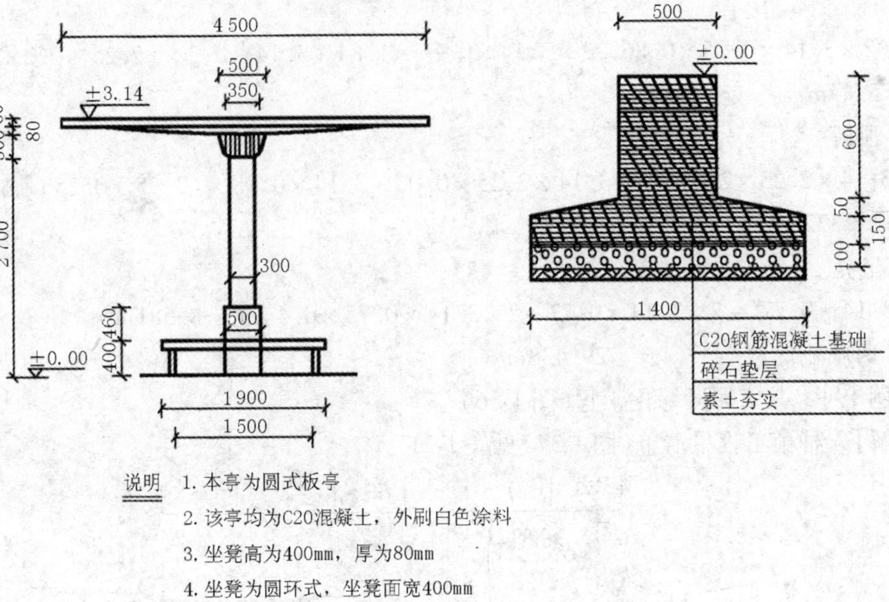

图 1-35 亭

(1)平整场地

$S = 2.25\text{m} \times 2.25\text{m} \times 3.14 = 15.90\text{m}^2$

(2)挖地坑

$3.14 \times 0.7 \times 0.7 \times 0.9\text{m}^3 = 1.38\text{m}^3$

(3)素土夯实

$3.14 \times 0.7 \times 0.15\text{m}^3 = 0.33\text{m}^3$

(4)碎石垫层

$3.14 \times 0.7 \times 0.7 \times 0.1\text{m}^3 = 0.154\text{m}^3$

(5)混凝土基础

$\{3.14 \times 0.7 \times 0.7 \times 0.15 + [3.14 \times 0.05 \times (0.7 \times 0.7 + 0.25 \times 0.25 + 0.7 \times 0.25)]/3\}\text{m}^3 = 0.269\text{m}^3$

(6)混凝土伞板

$\{3.14 \times 2.25 \times 2.25 \times 0.86 + 3.14 \times 0.15 \times 0.15 \times 1.84 + [3.14 \times 0.3 \times (0.175 \times 0.175 + 0.25 \times 0.25 + 0175 \times 2.25)]/3\}\text{m}^3 = 13.95\text{m}^3$

(7)混凝土柱

$\{3.14 \times 0.25 \times 0.25 \times 0.06 + [3.14 \times 0.08 \times (0.25 \times 0.25 + 2.25 \times 2.25 + 0.25 \times 2.25)]/3\}\text{m}^3 = 0.488\text{m}^3$

(8)混凝土坐凳板

$3.14 \times 0.77 \times 0.77 \times 0.88\text{m}^3 = 1.638\text{m}^3$

(9)混凝土坐凳腿

$2 \times 3.14 \times 0.75 \times 0.4 \times 0.08\text{m}^3 = 0.151\text{m}^3$

(10)亭架抹灰　　　　　　总 29.438m^2

A 柱

$[(2\times3.14\times0.25\times0.86+2\times3.14\times0.15\times1.84+3.14\times0.3\times(2.25+0.25)]m^2$
$=5.44m^2$

B 顶板

$[3.14\times2.25\times2.25+2\times3.14\times2.25\times0.06+3.14\times0.08\times(2.25+0.25)]m^2$
$=17.372m^2$

C 坐凳

$(3.14\times0.77^2+2\times3.14\times0.77+2\times3.14\times0.75\times0.4)m^2=8.581m^2$

(11)喷刷涂料　　　　　　29.438m^2

【例 19】 某家属区绿化工程(图 1-36)

【解】 种植工程量清单(图 1-37)见表 1-21。

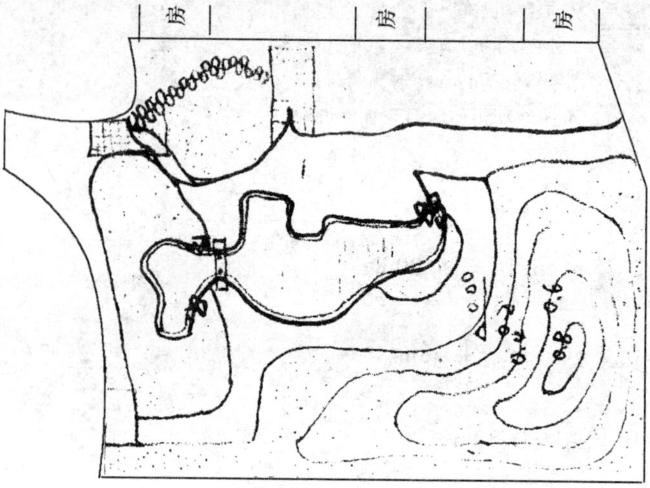

图 1-36　总平面图

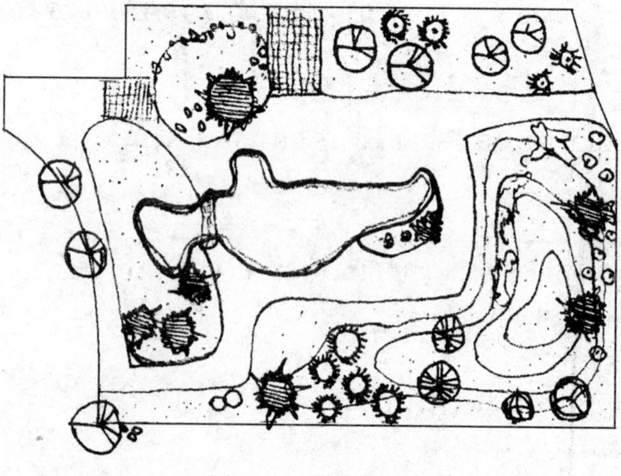

图 1-37　种植平面图

表 1-21

序号	项目编号	项目名称	计量单位	工程数量
	绿地整理			
1	050101006001	现场绿化用地基本平整;二类土;弃渣土运距 5km	m^2	4 385.00
	栽植花木			
2	050102001001	栽植合欢,胸径 8 ~ 10cm,养护 1 年	株	36
	绿地整理			
3	050102001002	栽植玉兰,胸径 6 ~ 7cm,养护 1 年	株	12
4	050102001003	栽植馒头柳,胸径 8 ~ 10cm,养护 1 年	株	15
5	050102001004	栽植紫叶李,胸径 4 ~ 5cm,养护 1 年	株	19
6	050102001005	栽植桧柏,高度 2 ~ 2.5m,养护 1 年	株	37
7	050102001006	栽植油松,高度 3 ~ 3.5m,养护 1 年	株	15
8	050102002001	栽植早园竹,胸径 3 ~ 4cm,高度 2 ~ 2.5m,3 根/株丛,养护 1 年	株丛	300
9	050102004001	栽植紫薇,高度 1.2 ~ 1.5m,养护 1 年	株	16
10	050102004002	栽植平枝荀子,高度 0.8 ~ 1.0m,养护 1 年	株	27
11	050102004003	栽植樱花,高度 1.5 ~ 1.8m,养护 1 年	株	19
12	050102004004	栽植棣棠,高度 1.0 ~ 1.2m,养护 1 年	株	11
13	050102004005	栽植迎春,高度 0.5 ~ 0.8m,养护 1 年	株	63
14	050102004006	栽植红碧桃,高度 1.5 ~ 1.8m,养护 1 年	株	19
15	050102004007	栽植铺地柏,高度 0.5 ~ 0.8m,养护 1 年	株	24
16	050102004008	栽植红叶小檗球,高度 0.8 ~ 1.0m,养护 1 年	株	38
17	050102007001	栽植金叶女贞,高度 0. ~ 0.8m,12 株/m,养护 1 年	m^2	50.00
18	050102007002	栽植金山绣菊,3 年生,12 株/m^2,养护 1 年	m^2	30.00
19	050102010001	栽植冷处型草,铺草卷,养护 1 年	m^2	3 950.00

【例 20】 喷灌工程量清单(图 1-38)。

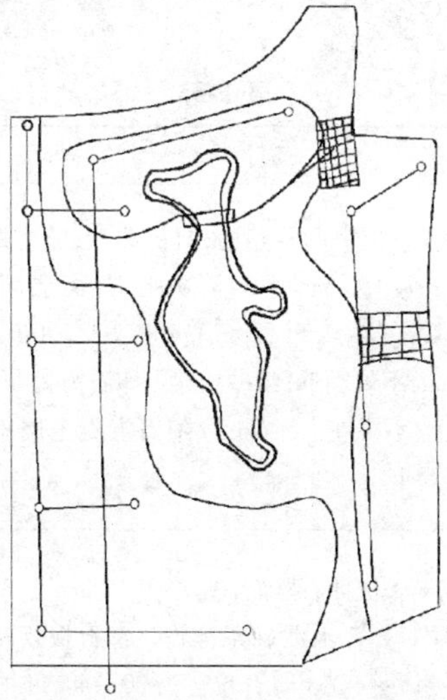

图 1-38 喷灌平面图

【解】 见表 1-22。

表 1-22

序号	项目编号	项目名称	计量单位	工程数量
绿地喷灌				
1	050103001001	从现状给水阀门井接出管线。主管线挖土深度 1m,支管线挖土深度 0.6m,二类土。主管直径 75UPVC 管长 98m,直径 40UPVC 管长 151m;支管直径 32UPVC 管长 493.8m。美国雨鸟喷头 5004 型 41 个,美国雨鸟快速取水阀 P33 型 10 个。水表 1 组。截止阀(DN75)2 个	m	742.80

【例 21】 铺装工程量清单(图 1-39)。

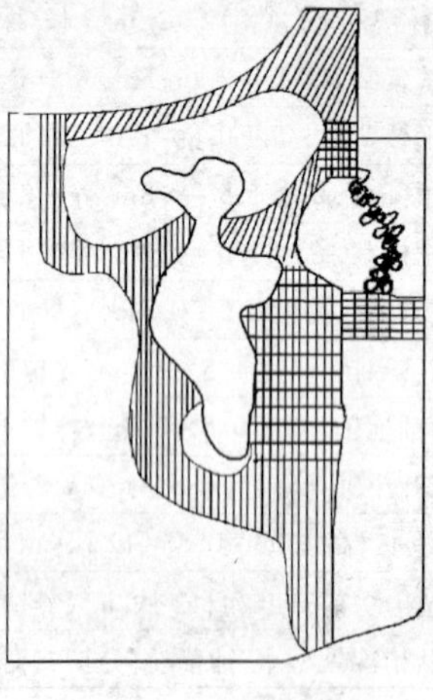

图 1-39 铺装平面图

【解】 见表 1-23。

表 1-23

序号	项目编号	项目名称	计量单位	工程数量
1	050201001001	道路铺装为青石板嵌卵石路面,自然曲型,宽度 1 000 ~ 2 000mm 不等。垫层为 150mm 厚 3∶7 灰土,与面层同宽;30mm 厚 1∶2.5水泥砂浆铺设. 青石板长 1 000 ~ 1 600mm ,宽 400 ~ 600mm,厚 50mm,不规则形,粗砂扫缝。卵石为机制卵石,粒径为 30 ~ 50mm,米色,不拼花。50mm 厚细石混凝土嵌砌。青石板面积: 卵石面积 =6∶4	m^2	153.74
2	050201001002	广场铺装为青石板嵌卵石路面。垫层为 150mm 厚 3∶7 灰土,与面层同宽;30mm 厚 1∶2.5 水泥砂浆铺设。青石板规格为 400mm × 600mm × 50mm;粗砂扫缝。卵石粒径为 30 ~ 40mm,白色,不拼花,50mm 厚细石混凝土嵌砌。青石板面积: 卵石面积 =4∶1	m^2	92.21

续表

序号	项目编号	项目名称	计量单位	工程数量
3	050201001003	小广场内铺装为600mm×400mm×30mm黑白点花岗岩板，表面烧毛。垫层为150mm厚3∶7灰土及50mm厚C15素混凝土垫层，均与面层同宽，30mm厚1∶2.5水泥砂浆铺设	m^2	188.76
4	050201001004	小广场与道路铺装为50mm厚1∶2.4细混凝土嵌豆石，表面水刷；垫层为150mm厚3∶7灰土，与面层同宽，30mm厚1∶3水泥砂浆结合层	m^2	289.75
5	050201001005	小广场与道路铺装为300mm×500mm×30mm机割青石板，垫层为150mm厚3∶7灰土及50mm厚C15素混凝土垫层，均与面层同宽；30mm厚，1∶2.5水泥砂浆铺设	m^2	228.36
6	050201001006	道路铺装为50mm厚1∶2.4细石混凝土嵌卵石面层，自然曲线型，宽度约为1 500mm。均与面层同宽。30mm厚1∶2.5水泥砂浆结合层。卵石为机制卵石，粒径为40～50mm，青色，不拼花	m^2	73.75
7	050201001007	100mm厚黑白点花岗岩规则形汀步，1 500mm×600mm（16块），600mm×600mm（2块），800mm×300mm（18块）；垫层为150mm厚3∶7灰土，各边均比汀步面层宽100mm，M5混合砂浆铺设	m^2	19.44
8	050201001008	80mm厚黑白点花岗岩不规则形汀步，每块汀步宽600～1 000mm，长800～2 000mm；垫层为150mm厚3∶7灰土，各边均比汀步面层宽100mm	m^2	55.40
9	050201002001	100mm×200mm×400mm大卵石路牙，垫层为150mm厚3∶7灰土，比路牙宽100mm，20mm厚1∶3水泥砂浆粘砌	m	412.54
10	050201002002	100mm×150mm×500mm黑白点花岗岩路牙，垫层为150mm厚3∶7灰土，比路牙宽100mm，20mm厚1∶3水泥砂浆粘砌	m	428.73

【例22】 某木桥工程量清单计算（图1-40、图1-41）。

木桥有微拱，拱高100mm，桥宽1 200mm，长4 200mm，采用80mm×300mm×1 080mm白松刨光板；此木桥采用L形木梁2根，高200mm，上截面宽60mm，下截面宽150mm，长4200mm，高200mm，略带拱，拱高100mm。木材均选用经干燥与防腐后的国产木材。

【解】 平整场地、放线

$S=4.2m\times1.2m=5.04m^2$

（2）木梁

$(4.2\times0.15\times0.2-4.2\times0.09\times0.08)m^3=0.096m^3$

总 $0.096\times2m^3=0.19m^3$

（3）木板模搭板面 （14块）

$1.08m\times0.08m\times4.2m=0.36m^3$

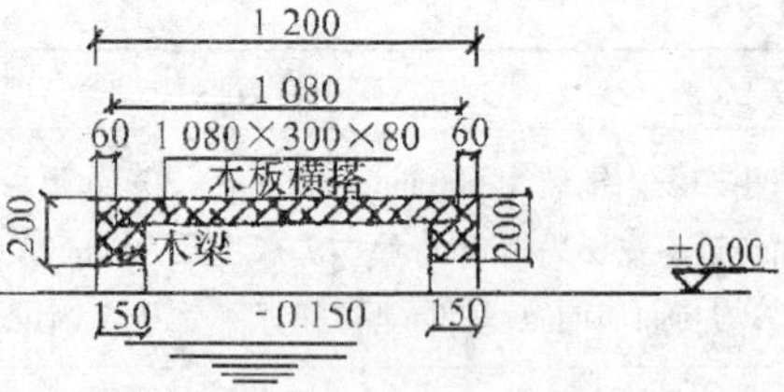

1-1 剖面图

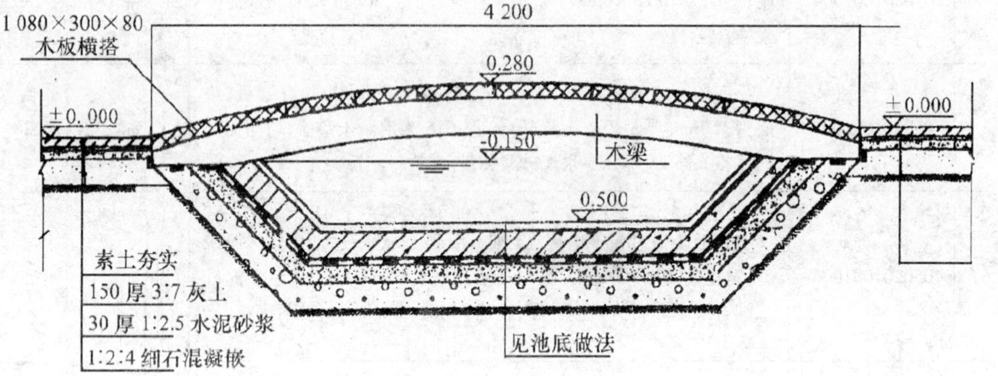

图 1-40　剖面图

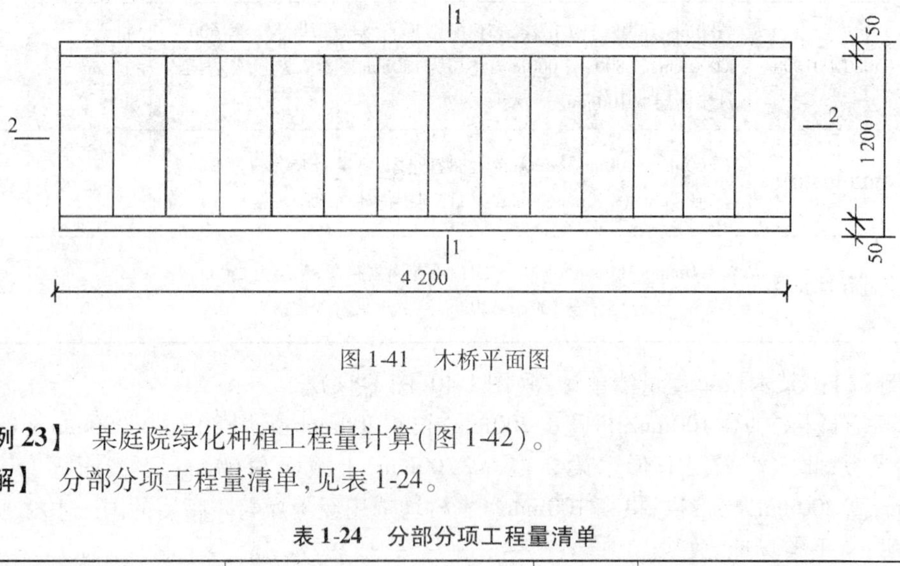

图 1-41　木桥平面图

【例 23】　某庭院绿化种植工程量计算(图 1-42)。

【解】　分部分项工程量清单,见表 1-24。

表 1-24　分部分项工程量清单

序　号	名　称	单　位	工程量
①	栽植港口木荷	株	11
②	栽植缅栀	株	3
③	栽植人心果	株	4
④	栽植层形罗汉松	株	4
⑤	栽植洋玉兰	株	9

续表

序　号	名　称	单　位	工程量
⑥	栽植厚叶石斑禾	株	8
⑦	栽植青刚栎	株	10
⑧	栽植杜鹃	株	13
⑨	栽植野牡丹	株	7
⑩	栽植台湾冬青	株	4
⑪	栽植缟竹	株	2
⑫	栽植红点鲫鱼草	m^2	5.2
⑬	栽植丰花月季	m^2	11.7
⑭	栽植金露花	袋	4
⑮	栽植双夹槐	袋	7
⑯	栽植长春花	袋	5
⑰	栽植播植草	m^2	78.5

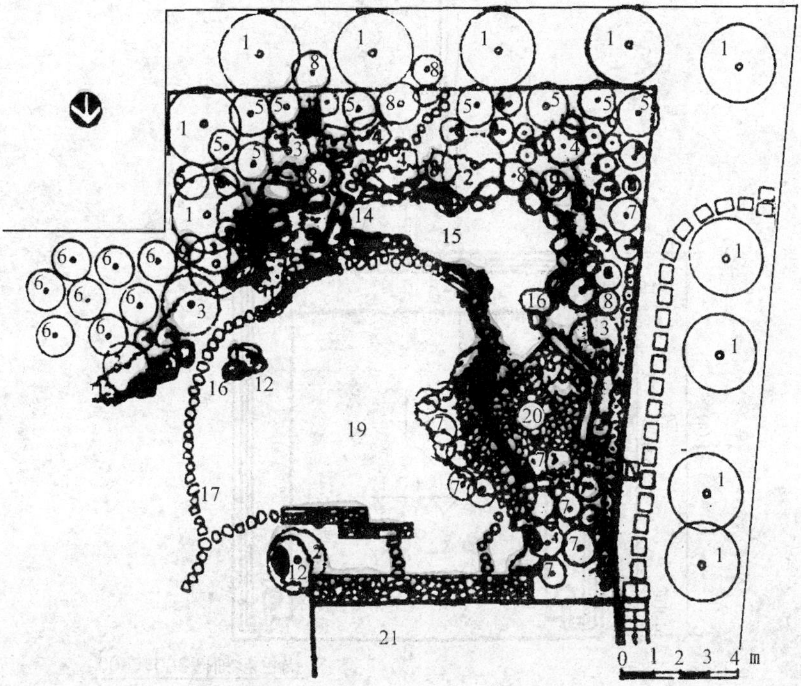

图 1-42　某庭院绿化图

1—港口木荷　2—缅栀　3—人心果　4—层形罗汉松　5—洋玉兰
6—厚叶石斑禾　7—青刚栎　8—杜鹃　9—野牡丹　10—台湾冬青(绿篱)
11—缟竹　12—红点鲫鱼草　13—九重塔　14—石桥　15—枯流　16—风景石
17—飞石　18—铺片石　19—草坪　20—庭院桌椅　21—住宅

【例 24】 现代钢筋混凝土四方亭工程清单(图 1-43 ~ 图 1-47)

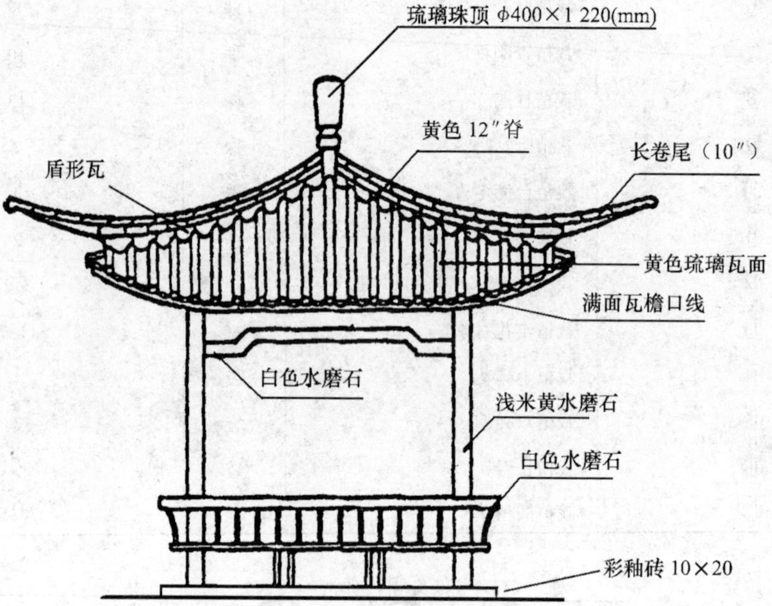

图 1-43 立面图 (单位:mm)

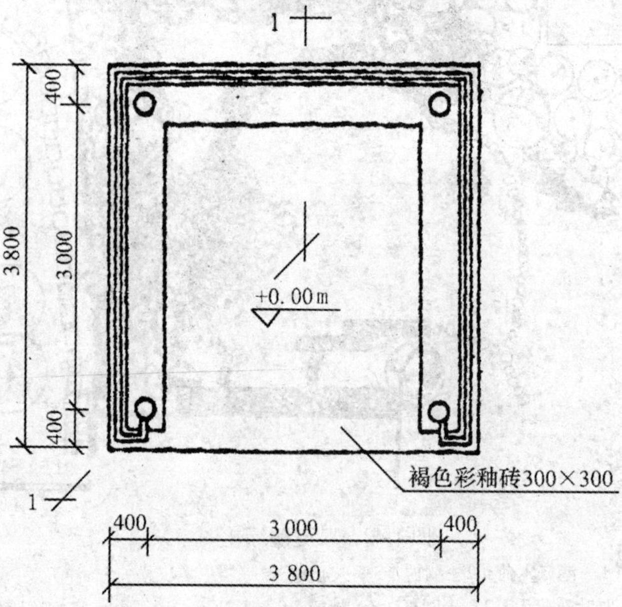

图 1-44 地台平面图 (单位:mm)

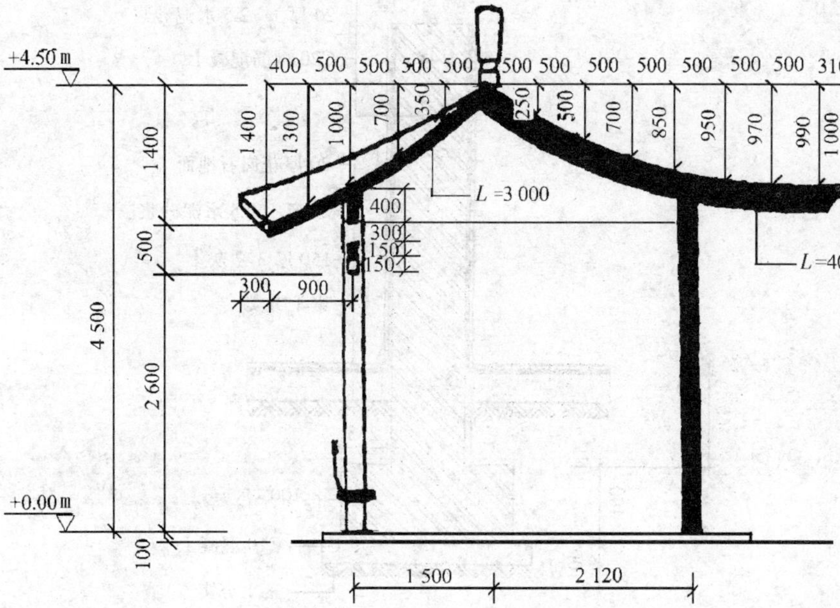

图 1-45　剖面图　（单位:mm）

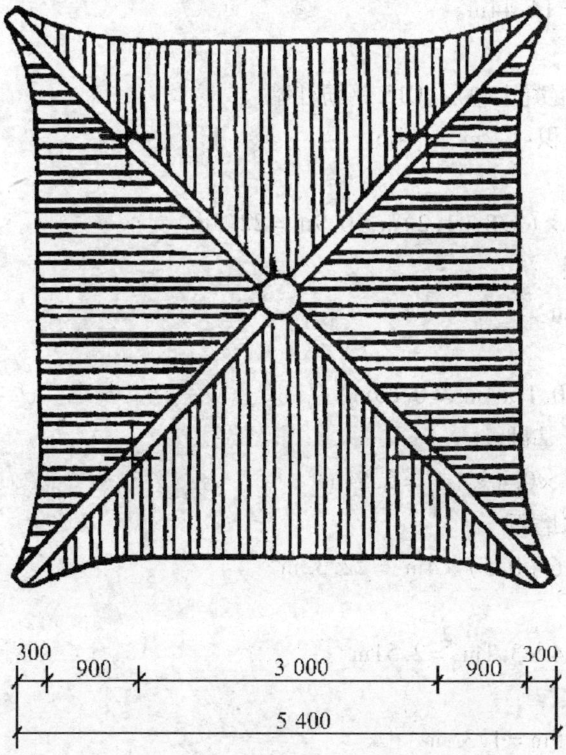

图 1-46　顶面图　（单位:mm）

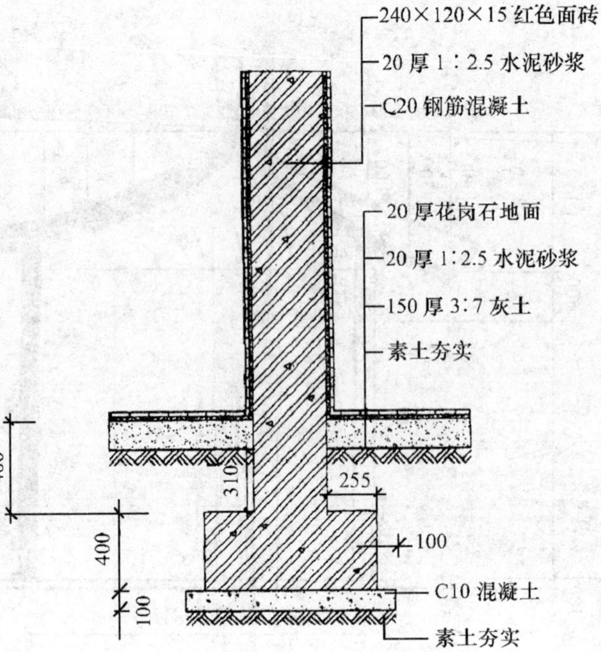

图 1-47　四方亭基础剖面图

【解】 (1)平整场地

$S = 3.8\text{m} \times 3.8\text{m} = 14.44\text{m}^2$

(2)挖基础土方

1)独立基础 C10 混凝土垫层,C15 钢筋柱基

2)垫层底宽、底面积:1.2m、1.44m^2

3)挖土深底 0.9m

$V = (3.8 + 1.2)\text{m} \times (3.8 + 1.2)\text{m} \times 0.9\text{m} = 22.5\text{m}^3$

(3)柱子基础垫层

1)柱基础宽 1.46m

2)垫层 10cm

$V = 1.46 \times 1.46 \times 0.1 \times 4\text{m}^3 = 0.85\text{m}^3$

(4)柱子下混凝土基础

$V = (1.46 - 0.2)^2 \times 0.4 \times 4\text{m}^3 = 2.54\text{m}^3$

(5)柱外浅米黄水磨石

$S = 0.45 \times 4 \times (2.6 + 0.5) \times 4\text{m}^3 = 22.32\text{m}^2$

(6)混凝土柱

$V = 0.45 \times 0.45 \times 4 \times 3.1\text{m}^3 = 2.51\text{m}^3$

(7)地面素土夯实

$V = 3\text{m} \times 3\text{m} \times 0.15\text{m} = 1.35\text{m}^3$

(8)地面 3∶7 灰土

$V = 3\text{m} \times 3\text{m} \times 0.15\text{m} = 1.35\text{m}^3$

(9)地面花岗石面层

$S = 3.8m \times 3.8m = 14.44m^2$

(10)现浇混凝土钢筋

1)钢筋种类、规格:圆钢 φ10 内　　0.206t

2)　　　　螺纹钢 φ25 内　　0.431t

　　　　箍筋 φ10 内　　0.025t

(11)瓦屋面

黄色琉璃瓦:333mm × 160mm × 300mm

正线盾形瓦:230mm × 105mm × 10mm

斜线盾形瓦:280mm × 130mm × 10mm

拱角:　　510mm × 140mm × 480mm

琉璃室顶 φ400 × 1 220mm

总共 $32.40m^2$

(12)屋面刚性防水

防水层厚度:1∶2 水泥防水砂浆 20mm

共 $32.40m^2$

(13)现浇混凝土攒尖亭屋面板　　共 $4.30m^3$

1)板厚:100mm

2)脊截面:180mm × 300mm

3)C20　20 石现场搅拌混凝土

(14)虹梁　　总 $0.11m^3$

1)梁断面最小边:60mm

2)C20　20 石现场搅拌混凝土

(15)块料楼地面　　$14.44m^2$

1)结合层厚度、砂浆配合比:1∶2

2)彩釉砖:300mm × 300mm

3)防护层材料种类:1∶2 水泥砂浆

【例 25】 某园林假山工程量清单(图 1-48 ~ 图 1-50)

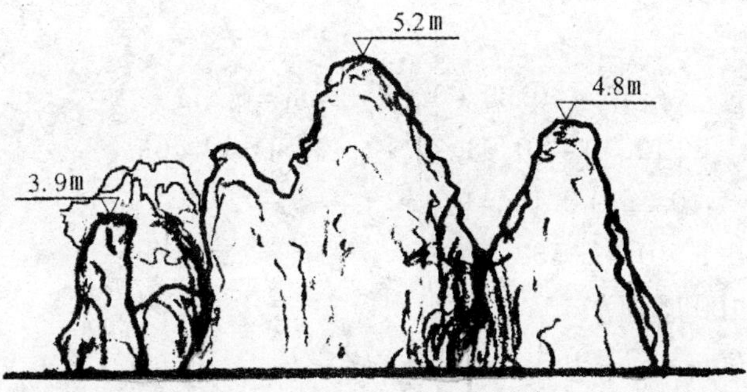

图 1-48　立面图

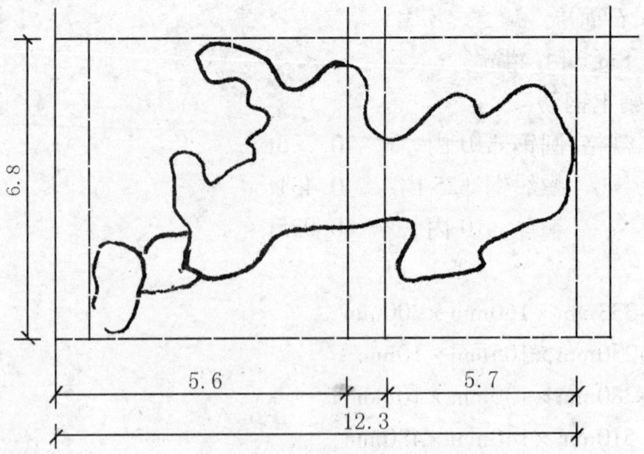

图 1-49　平面图　(单位:m)

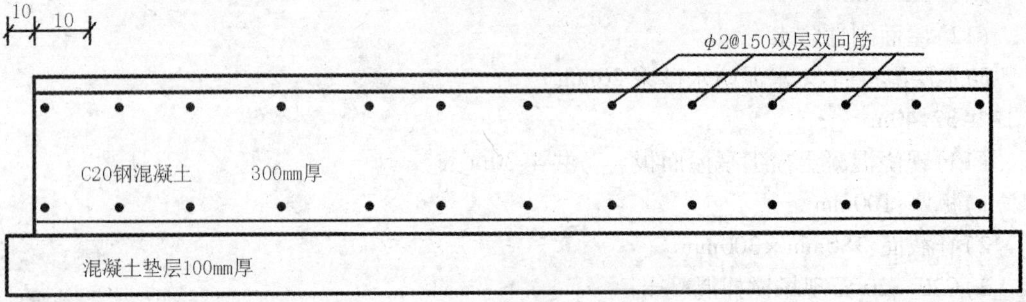

图 1-50　太湖石假山基础图　(单位:cm)

【解】　平整场地

平均宽度　　(5.5 + 6.8)m/2 = 6.15m

长度　　　12.3m

依据“工程量计算规则”

平均宽度　　(6.15 + 2.0 × 2)m = 10.15m

长度　　　(12.30 + 2.0 × 2)m = 16.30m

$S = 10.15\text{m} \times 16.30\text{m} = 165.445\text{m}^2$

(2)人工挖土

挖土平均宽度　　[6.15 + (0.08 + 0.1) × 2]m = 6.5m

挖土平均长度　　[12.30 + (0.08 + 0.1) × 2]m = 12.66m

挖土深度　　　0.3m + 0.1m = 0.4m

$V = 6.5\text{m} \times 12.66\text{m} \times 0.4\text{m} = 32.916\text{m}^3$

(3)道碴垫层(100 厚)

$S = 6.5\text{m} \times 12.66\text{m} = 82.29\text{m}^2$

$H = 0.1\text{m}$

$V = 82.29\text{m}^2 \times 0.1\text{m} = 8.229\text{m}^3$

(4)C20 钢混凝土垫层(300 厚)

长 = [12.30 + (0.1 × 2)] m = 12.50m

宽 = [6.15 + (0.1 × 2)] m = 6.35m

V = 12.5m × 6.35m × 0.3m = 23.81m^3

(5) 钢混凝土模板

S = V × 模板系数

= 23.81 × 0.26m^2

= 6.19m^2

(6) 钢混凝土钢筋

T = V × 钢筋系数

= 23.81 × 0.079t

= 1.881t

(7) 假山堆砌

①5.2m 处

W = 长 × 宽 × 高 × 高度系数 × 太湖石容重

= 6.8 × 5.6 × 5.2 × 0.55 × 1.8t

= 196.04t

②4.8m 处

W = 长 × 宽 × 高 × 高度系数 × 太湖石容重

= 6.0 × 5.7 × 4.8 × 0.55 × 1.8t

= 162.518t

③3.9m 处

W = 长 × 宽 × 高 × 高度系数 × 太湖石容重

= [6.13(最大距形边) × (12.3 − 5.6 − 5.7) × 3.9 × 0.55 × 1.8] t

= 23.668t

④1.0m 以下散驳石堆砌

W_1 = 累计长度 × 平均宽度 × 平均高度 × 太湖石容重

W_2 = 累计长度 × 最大宽度 × 最高度 × 高度系数

累计长度	A 块 1.0m	
	B 块 0.9m	
	C 块 0.5m	(1.0 + 0.9 + 0.5) m = 2.40m
宽度	A 块 0.7m	
	B 块 0.5m	
	C 块 0.35m	
高度	A 块 0.70m	
	B 块 0.45m	
	C 块 0.20m	

W_1 = 2.4 × 0.52 × 0.45 × 1.8t = 1.01t

W_2 = 2.4 × 0.7 × 0.7 × 0.77 × 1.8t = 1.63t

太湖石总用量:(196.04 + 162.52 + 23.67 + 1.63) t = 383.86t

工程量清单见表 1-25。

表 1-25　工程量清单

序	项目名称	单位	数量
1	平整场地	m^2	165.445
2	人工挖土	m^3	32.92
3	道碴垫层	m^3	8.23
4	C20 钢混凝土垫层	m^2	23.81
5	钢混凝土模板	t	6.19
6	钢混凝土钢筋	m^3	1.88
7	假山堆砌　5.2m 处	t	196.04
8	假山堆砌　4.8m 处	t	162.52
9	假山堆砌　3.9m 处	t	23.67
10	假山堆砌　1.0m 处	t	1.63

【例 26】　某花架廊工程量清单(图 1-51 ~ 图 1-54)。

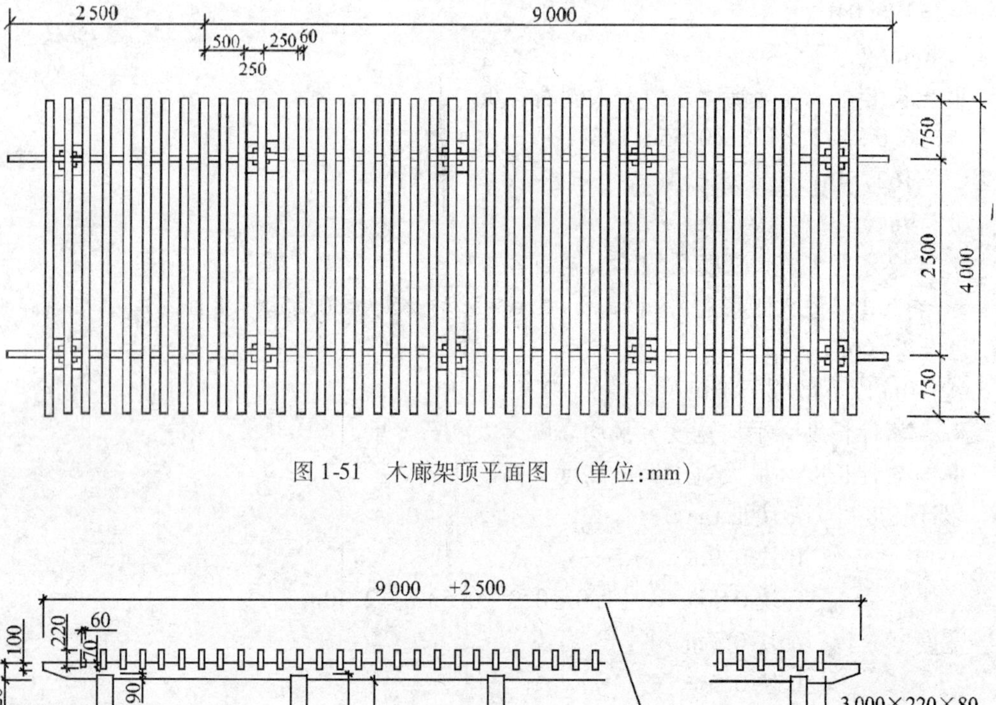

图 1-51　木廊架顶平面图　(单位:mm)

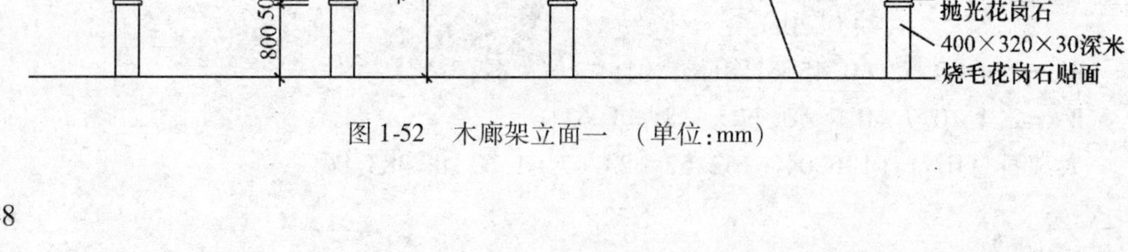

图 1-52　木廊架立面一　(单位:mm)

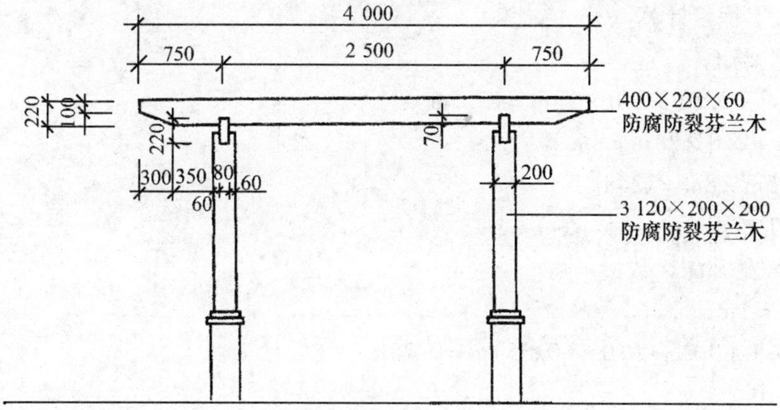

图 1-53　木廊架立面二　(单位:mm)

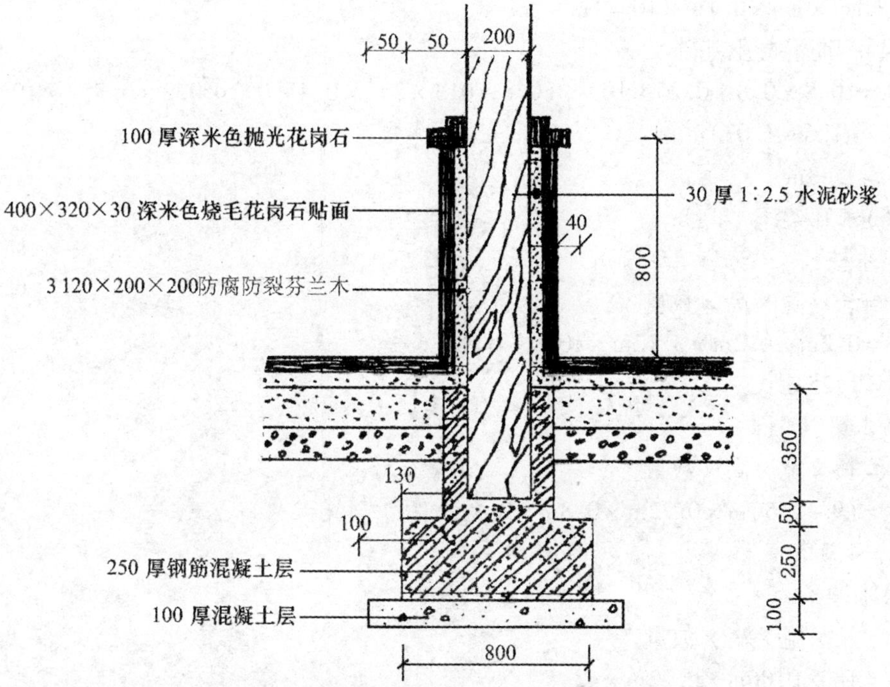

图 1-54　木廊架基础大样　(单位:mm)

设计说明

(1)柱基垫层为 C10 素混凝土

(2)地坪垫层为 C15 素混凝土、面层磨石子不设嵌条

(3)柱及 La、Lb 系梁均采用 C20 钢混凝土

(4)花架廊采用 C20 细石钢混凝土并要求一次成型

(5)柱及系梁局部披嵌后刷 803 涂料二度

(6)花架廊满披后刷 803 涂料二度

【解】 工程量计算

(1)平整场地

$长 = [(9+2.5)+2.0\times2]m = 15.5m$

$宽 = (4+2.0\times2)m = 8m$

$S = 15.5m\times8m = 124m^2$

(2)人工挖土

$V = 长\times宽\times深\times数量$

$长 = 宽 = 1m$

$深 = (0.1+0.25+0.05+0.35)m = 0.75m$

$数量 = 10$

$V = 1m\times1m\times0.75m\times10 = 7.5m^3$

(3)混凝土垫层

$V = 长\times宽\times深\times数量$

$V = 1m\times1m\times0.1m\times10 = 1m^3$

(4)钢筋混凝土基础

$$V = \{0.8\times0.8\times0.25\times10+[(0.8-013\times2)^2\times0.4-0.2\times0.2\times0.35]\times10\}m^3$$
$$= (1.6+1.03)m^3$$
$$= 2.63m^3$$

(5)木廊架

1)木柱:

$$V = 长\times宽\times高\times数量$$
$$= 0.2m\times0.2m\times3.12m\times10$$
$$= 1.25m^3$$

2)木梁:

$$V = 长\times宽\times高\times数量$$
$$= (9+2.5)m\times0.22m\times0.8m\times2$$
$$= 4.048m^3$$

4)木檩条

$$V = 长\times宽\times高\times数量$$
$$= 4m\times0.06m\times0.22m\times43$$
$$= 2.27m^3$$

4) $V_{合计} = (1.25+4.05+2.27)m^3 = 7.57m^3$

(6)木立柱贴100厚深米色抛光花岗石光面层

$$S = 周圈长\times高\times数量$$
$$= (0.2\times4)m\times0.1m\times10$$
$$= 0.8m^2$$

(7)木柱外贴30厚深米色烧毛花岗石光面层

1)30厚1∶25水泥砂浆

$V = 长\times宽\times高\times数量$

$=0.2m\times0.8m\times0.03m\times10\times4$

$=0.19m^3$

2)30 厚深米色烧毛花岗石光面层

$S=$ 周圈长 × 高 × 数量

$=(0.2\times4)m\times0.8m\times10$

$=6.4m^2$

(8)人工回填土

$V=$ 计算第 2 项 - 第 3 项 - 第 4 项

$=(7.5-1-2.63)m^3$

$=3.87m^3$

(9)人工回外运

$V=$ 计算第 3 项 + 第 4 项

$=(1+2.63)m^3$

$=3.63m^3$

(10)粉刷廊架外圈

$S=S_{木柱}+S_{木檩条}+S_{木梁}$

$=\{0.2\times(3.12-0.8-0.1)\times4\times10+[(0.22\times11.5\times2)+(0.22\times0.08\times2)+(11.5\times0.08\times2)]\times2+(0.22\times4\times2+0.22\times0.06\times2+0.06\times4\times2)\times43\}m^2$

$=(17.76+13.87+97.46)m^2$

$=129.09m^2$

【例 27】 某街头游园园路工程量计算(图 1-55、图 1-56)。

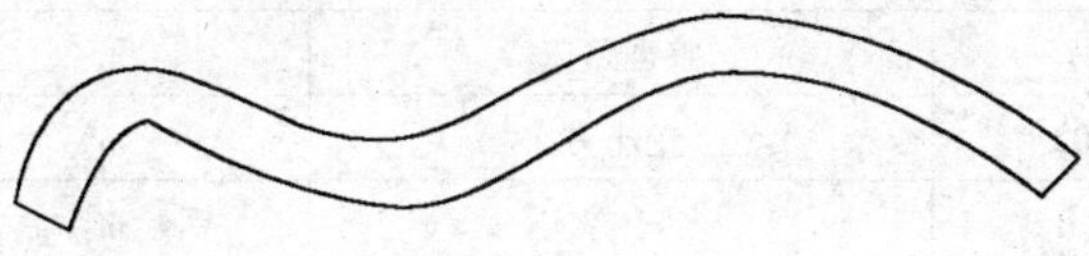

(注：园路长为 17.5m)

图 1-55　某街头游园园路平面图

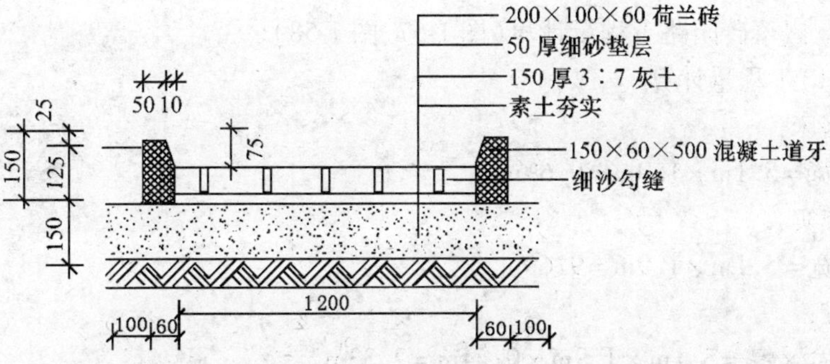

图 1-56　某街头游园园路剖面图　(单位:mm)

【解】（1）工程量计算

1）整理路床：

S = 长 × 宽

= 17.5m ×（1.2 + 0.1 × 2 + 0.06 × 2）m

= 26.6m^2

2）挖土方

V = 17.5m × 1.52m ×（0.15 + 0.05 + 0.06）m

= 6.92m^3

3）原土夯实：

S = 17.5m × 1.52m = 26.6m^2

4）3∶7 灰土垫层：

V = 17.5m × 1.52m × 0.15m = 3.99m^3

5）细砂垫层：

V = 17.5m × 1.2m × 0.05m = 1.05m^3

6）荷兰砖路面：

S = 17.5m × 1.2m = 21m^2

7）混凝土道牙：

L = 17.5m × 2 = 35m

（2）工程量清单（表 1-26）。

表 1-26 某街头游园园路工程量清单

序号	项目编码	项目名称	计量单位	工程量
1	E·2·A	整理路床	m^2	26.6
2	053101002	挖土方	m^3	6.92
3	E·31·B	原土夯实	m^2	26.6
4	E·2·A	3∶7 灰土垫层	m^3	3.99
5	E·2·A	细沙垫层	m^3	1.05
6	050201001	铺荷兰砖	m^2	21
7	050201002	铺道牙	m	35

【例 28】 嵌草砖园路工程量计算（图 1-57、图 1-58）。

【解】（1）工程量计算

1）整理路床：

S = 长 × 宽 = 5.1m × 1.9m = 9.69m^2

2）原土夯实：

S = 长 × 宽 = 5.1m × 1.9m = 9.69m^2

3）挖土方：

V = 长 × 宽 × 厚 = 5.1m × 1.9m × 0.24m = 2.33m^3

4）3∶7 灰土垫层：

V = 长 × 宽 × 厚 = 5.1m × 1.9m × 0.15m = 1.45m^3

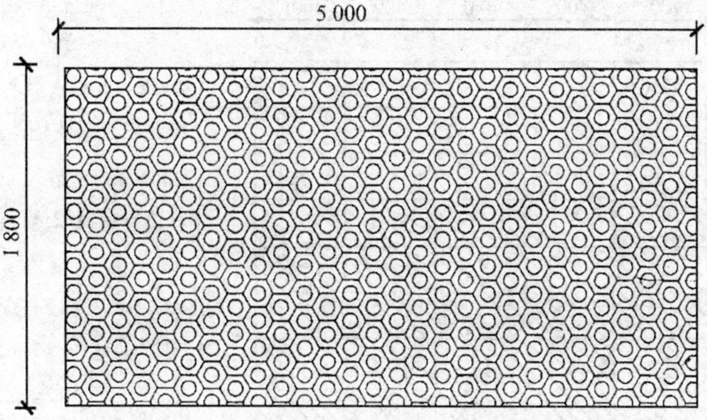

图 1-57　嵌草砖地面平面图　（单位:mm）

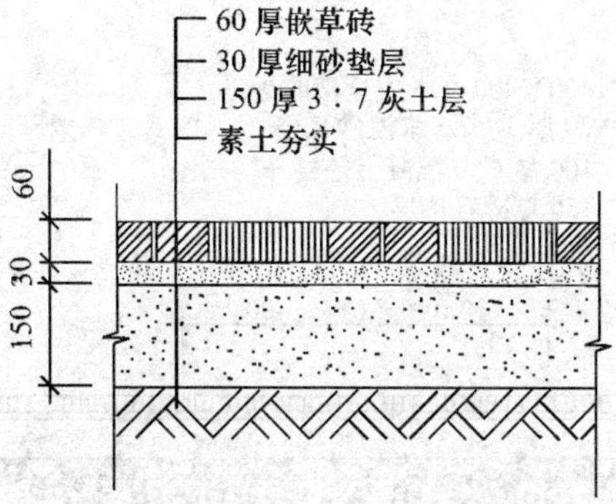

图 1-58　嵌草砖地面剖面图　（单位:mm）

5)细砂垫层:

V = 长 × 宽 × 厚 = 5.1m × 1.9m × 0.03m = 0.29m^3

6)嵌草砖路面:

S = 长 × 宽 = 5m × 1.8m = 9m^2

(2)工程量计价表(表 1-27)

表 1-27　嵌草砖园路工程量清单

序号	项目编码	项目名称	计量单位	工程量
1	E・2・A	整理路床	m^2	9.69
2	E・31・B	原土夯实	m^2	9.69
3	053101002	挖土方	m^3	2.33
4	E・2・A	3∶7 灰土垫层	m^3	1.45
5	E・2・A	细砂垫层	m^3	0.29
6	050201001	嵌草砖路面	m^2	9

【例 29】　游乐场安全塑胶垫地面工程量计算(图 1-59 ~ 图 1-61)。

【解】　(1)工程量计算

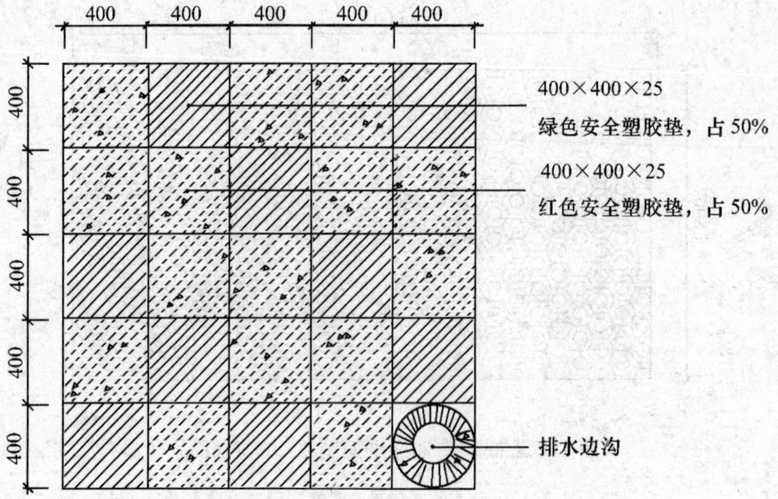

图1-59　安全塑胶垫平面图　（单位:mm）

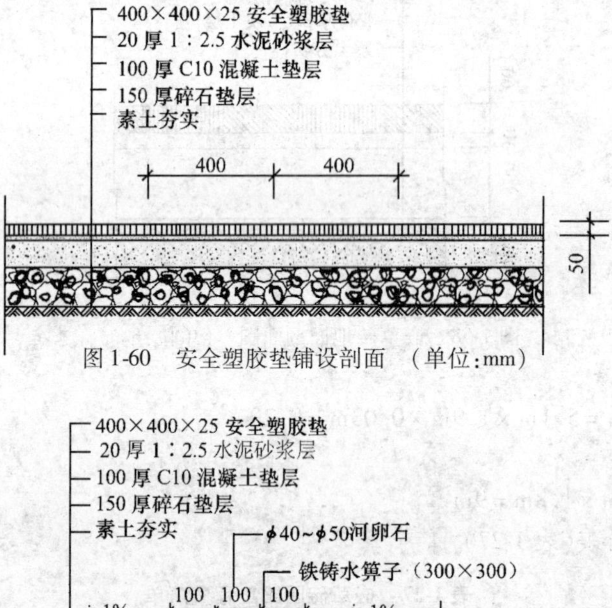

图1-60　安全塑胶垫铺设剖面　（单位:mm）

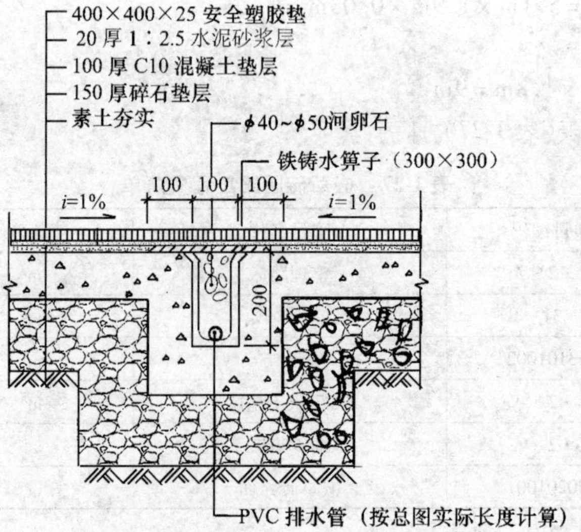

图1-61　排水边沟大样　（单位:mm）

1)整理路床:

$S = 2.1\text{m} \times 2.1\text{m} = 4.41\text{m}^2$

2)挖土方:

$V = (2.1 \times 2.1 \times 0.32 + 0.3 \times 0.3 \times 0.2)\text{m}^3$(排水管下增加)

$= 1.43\text{m}^3$

3)原土夯实:

$S = (2.1 \times 2.1 + 0.3 \times 0.3)\text{m}^2 = 4.5\text{m}^2$

4)碎石垫层:

$V = (2.1 \times 2.1 \times 0.15 + 0.3 \times 0.3 \times 0.15)\text{m}^3$

$= 0.675\text{m}^3$

5)C10 混凝土垫层:

$V = (2.1 \times 2.1 \times 0.1 + 0.3 \times 0.3 \times 0.1)\text{m}^3$

$= 0.45\text{m}^3$

6)水泥砂浆找平层:

$S = 2.1\text{m} \times 2.1\text{m} = 4.41\text{m}^2$

7)安全塑胶垫面层:

$S = 2.1\text{m} \times 2.1\text{m} = 4.41\text{m}^2$

(注:排水管另计。)

(2)工程量清单(表 1-28):

表 1-28　游乐场安全塑胶垫地面工程量清单

序　号	项目编码	项目名称	计量单位	工程量
1	E·2·A	整理路床	m^2	4.41
2	053101002	挖土方	m^3	1.43
3	E·31·B	原土夯实	m^2	4.5
4	E·2·A	碎石垫层	m^3	0.675
5	E·2·A	C10 混凝土垫层	m^3	0.45
6	E·34·A	水泥砂浆找平层	m^2	4.41
7	生项	安全塑胶垫面层	m^2	4.41

【例 30】　混凝土彩砖地面铺装路工程量计算(图 1-62、图 1-63)。

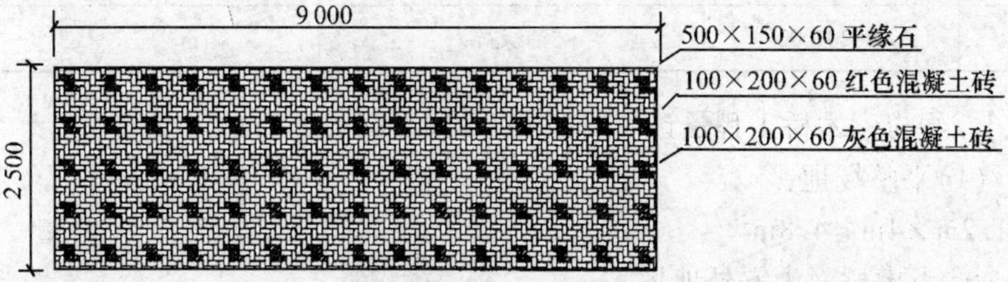

图 1-62　混凝土砖地铺装路平面图　(单位:mm)

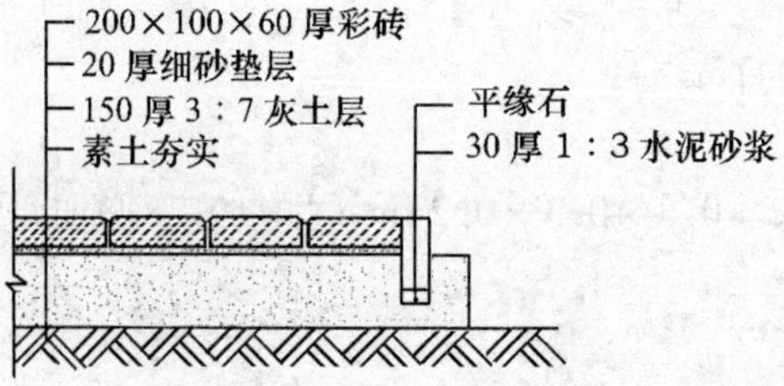

图 1-63　混凝土砖地面铺装路剖面图　（单位:mm）

【解】　(1)工程量计算

1)整理路床：

$S=9.1\text{m}\times2.6\text{m}=23.66\text{m}^2$

2)挖土方：

$V=9.1\text{m}\times2.6\text{m}\times(0.15+0.08)\text{m}=5.44\text{m}^3$

3)原土夯实：

$S=9.1\text{m}\times2.6\text{m}=23.66\text{m}^2$

4)3∶7 灰土垫层：

$V=9.1\text{m}\times2.6\text{m}\times0.15\text{m}=3.55\text{m}^3$

5)铺彩砖：

$S=9\text{m}\times(2.5-0.06\times2)\text{m}=21.42\text{m}^2$

6)铺缘石：

$L=9\text{m}\times2=18\text{m}$

(2)工程量清单(表 1-29)。

表 1-29　彩砖地面工程量清单

序　号	项目编码	项目名称	计量单位	工程量
1	E·2·A	整理路床	m^2	23.66
2	053101002	挖土方	m^3	5.44
3	E·31·B	原土夯实	m^2	23.66
4	E·2·A	3∶7 灰土垫层	m^3	3.55
5	050201001	铺彩砖	m^2	21.42
6	050201002	铺缘石	m	18

【例 31】　绳拉索木桥工程量计算(图 1-64～图 1-66)。

【解】　(1)平整场地：

1)$S=1.2\text{m}\times4\text{m}=4.8\text{m}^2$

2)挖土方(考虑桥面为室外地坪)：

$$V=(4+0.5\times2)\text{m}\times(2.2+0.1\times2)\text{m}\times(0.14+0.55+0.1)\text{m}=9.48\text{m}^3$$

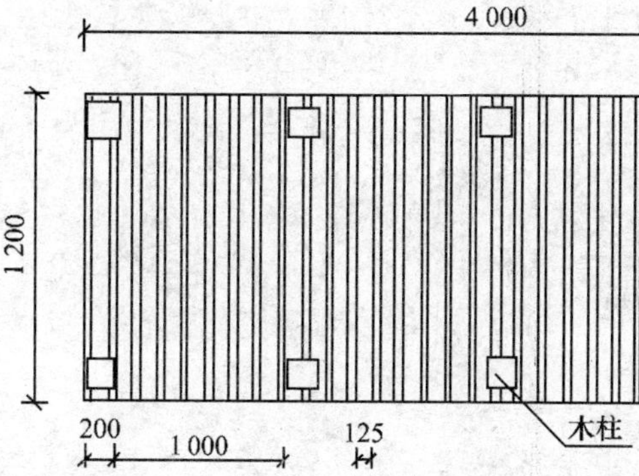

图 1-64　绳拉索木桥平面图　（单位：mm）

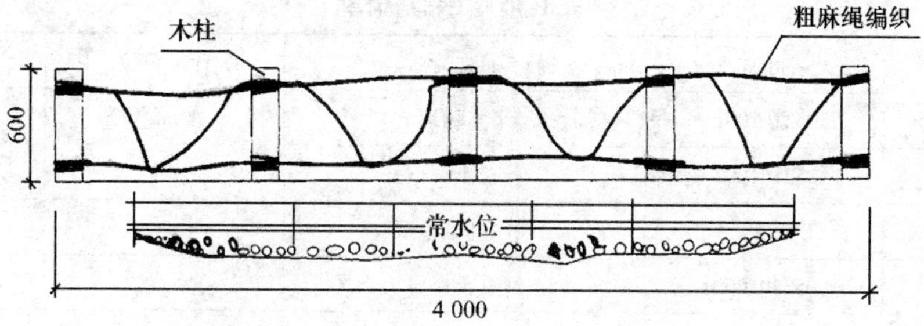

图 1-65　绳拉索木桥立面图　（单位：mm）

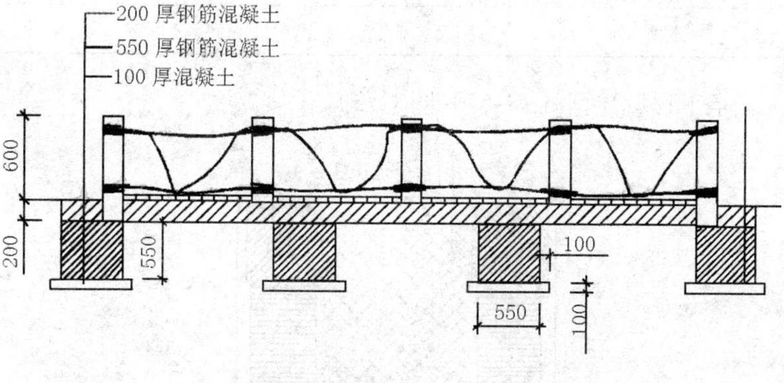

图 1-66　绳拉索木桥剖面图　（单位：mm）

3）桥墩基础垫层：

$V = (1.2 + 0.1 \times 2)\text{m} \times (0.5 + 0.1 \times 2)\text{m} \times 0.1\text{m} \times 4$

$= 0.39\text{m}^3$

4）混凝土桥墩：

$V = 1.2\text{m} \times 0.5\text{m} \times 0.55\text{m} \times 4$

$= 1.32\text{m}^3$

5）混凝土桥面：

$V = (4 + 0.4 \times 2)\text{m} \times 1.2\text{m} \times 0.1\text{m}$

$= 0.58\text{m}^3$

6）木桥面：

$S = 4\text{m} \times 1.2\text{m} = 4.8\text{m}^2$

7）木柱：

$V = 3.14 \times 0.1 \times 0.1 \times 1.1 \times 10\text{m}^3$

$= 0.35\text{m}^3$

8）粗麻绳编织栏围：

L = 考虑全长的 2 倍用量

$= (4 \times 2 \times 2 + 1 \times 8 \times 2)\text{m} \times 2$

$= 64\text{m}$

（2）工程量清单（表 1-30）。

表 1-30　工程量清单

序　号	项目编码	项目名称	计量单位	工程量
1	053101001	平整场地	m^2	4.8
2	053101002	挖土方	m^3	9.48
3	E·35·A	桥墩基础垫层	m^3	0.39
4	053301002	混凝土桥墩	m^3	1.32
5	053306001	混凝土桥面	m^3	0.58
6	050201016	木桥面	m^2	4.8
7	050303003	木柱	m^3	0.35
8	生项	粗麻绳编织栏围	m	64

【例 32】　瓦亭工程量计算（图 1-67 ~ 图 1-73）。

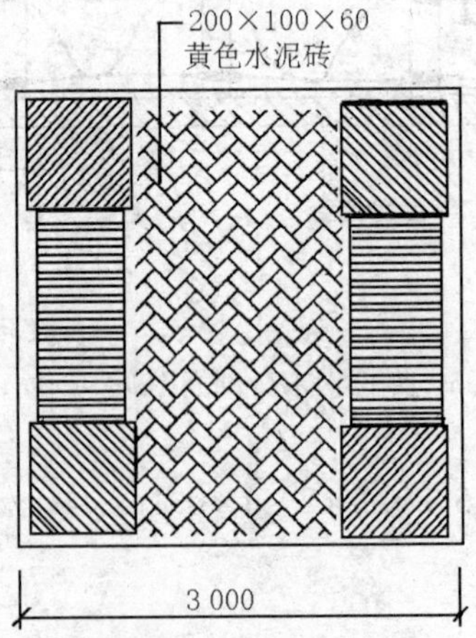

图 1-67　瓦亭平面图　（单位：mm）

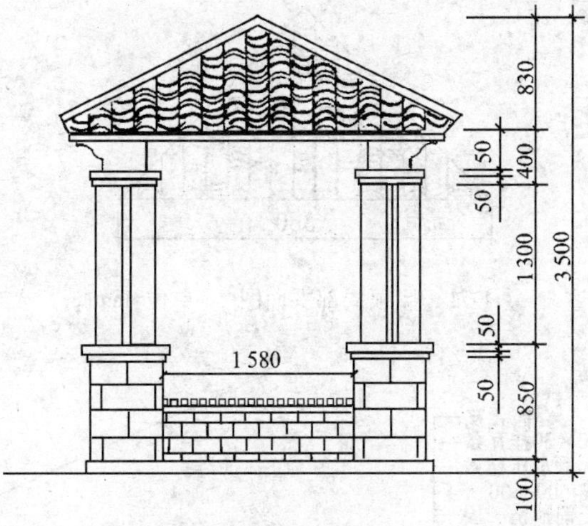

图 1-68　瓦亭立面图 –1　（单位:mm）

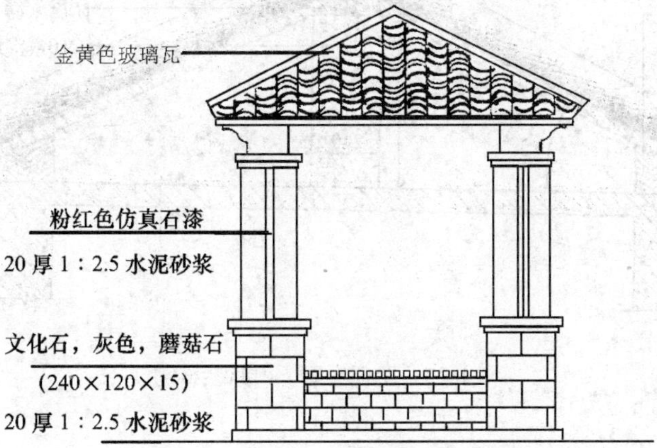

图 1-69　瓦亭立面图 –2　（单位:mm）

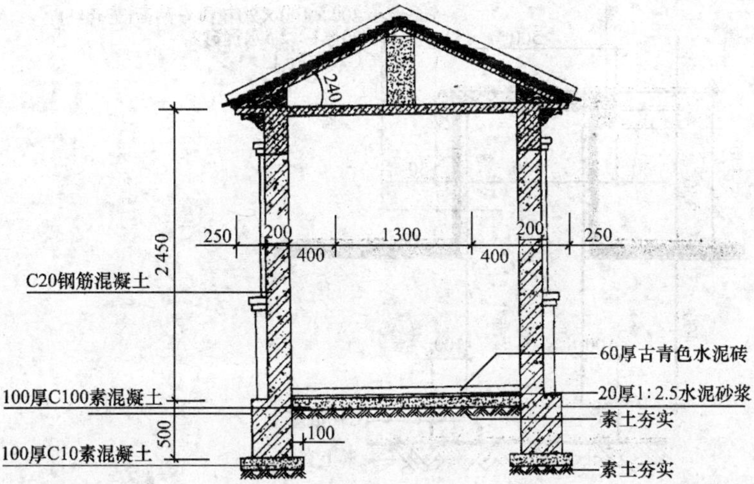

图 1-70　瓦亭剖面图　（单位:mm）

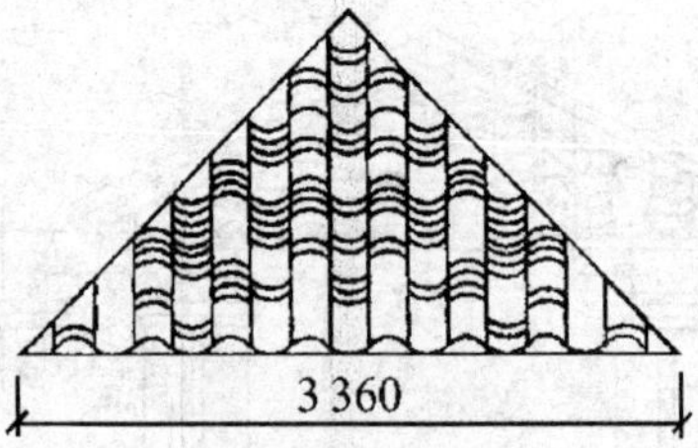

1-71　屋顶局部平面图　（单位：mm）

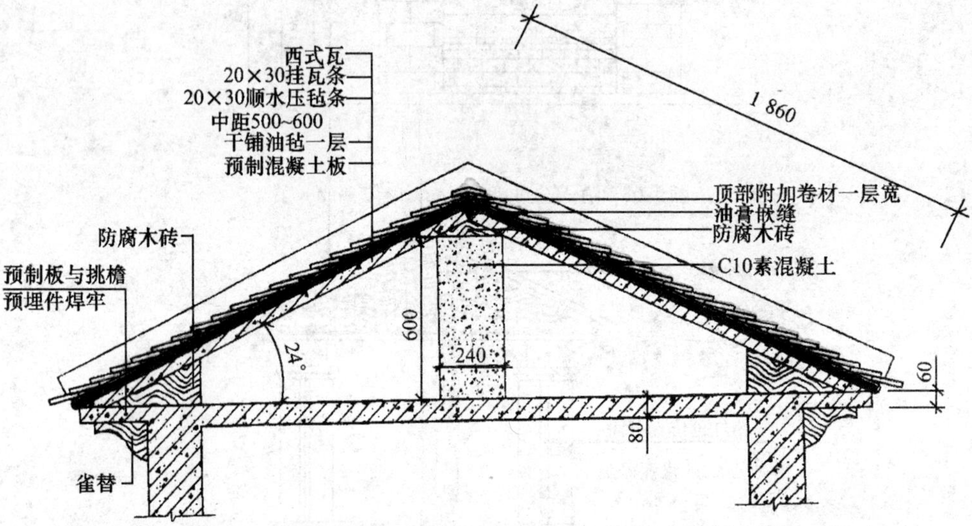

图1-72　屋顶详图　（单位：mm）

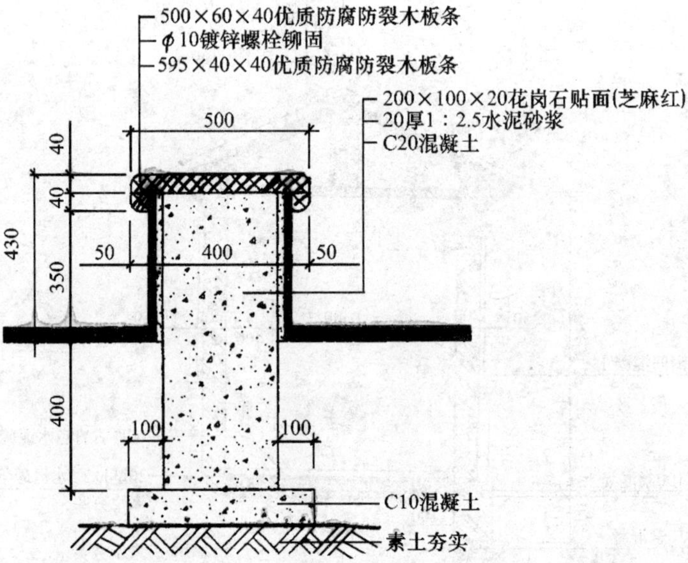

图1-73　座椅剖面图　（单位：mm）

【解】（1）工程量计算

1）平整场地：

$S = 3m \times 3m = 9m^2$

2）基础开挖

$V = (3+0.3\times2)m \times (3+0.3\times2)m \times (0.5+0.1)m$

$= 7.78m^3$

3）基础垫层（含柱下和座椅下混凝土基础垫层）：

$V = V_{柱下} + V_{座椅下}$

$= [0.7\times0.7\times0.1\times4 + (1.6-0.2)\times0.7\times0.1\times2]m^3$

$= 0.39m^3$

4）混凝土柱：

$V = V_{基础} + V_{主体}$

$= [0.4\times0.4\times0.5\times4 + 0.2\times0.2\times(2.45-0.08)\times4]m^3$

$= 0.70m^3$

5）混凝土板：

$V = V_{平板} + V_{斜板}$

$= [2.5\times2.5\times0.8 + (\frac{1}{2}\times3.36\times\sqrt{(0.83)^2+(\frac{3.36}{2})^2}\times0.08)\times4]m^3$

$= 6m^3$

6）混凝土挑檐：

$V = 长 \times 断面$

$= 1.325\times4\times0.25\times0.6m^3$

$= 0.795m^3$

7）C10 素混凝土梁：

$V = 0.24m\times0.24m\times0.6m = 0.03m^3$

8）防腐木砖：

$L = 3.36m\times4 = 13.44m$

9）混凝土座椅：

$V = 1.58\times0.4\times0.8\times2m^3 = 1.01m^3$

10）防腐木板条：

$S = 1.58m\times0.5m\times2 = 1.58m^2$

11）座椅两侧贴黄锈石面：

$S = 1.58m\times0.4m\times2 = 1.26m^2$

12）柱外抹水泥砂浆面：

$S = (0.2\times4)m\times(2.55-0.08)m\times4 = 7.90m^2$

13）柱下贴文化砖面（包括亭下四周侧面）：

$S = 0.2\times4\times0.75\times4\times0.1m^2 = 0.24m^2$

14）柱面刷真石漆：

$S = (0.2\times4)m\times(1.2+0.1\times2)m\times4 = 4.48m^2$

15）屋顶板下及挑檐下，侧壁抹水泥面：

$S = [2 \times 2 + 1.325 \times (0.25 + 0.06)]\mathrm{m}^2 = 4.41\mathrm{m}^2$

16）屋面干铺油毡一层：

$$S = \left(\frac{1}{2} \times 3.36 \times \sqrt{(0.83)^2 + (\frac{3.36}{2})^2}\right)\mathrm{m}^2 \times 4 = 12.59\mathrm{m}^2$$

17）屋面铺瓦：

$$S = \left(\frac{1}{2} \times 3.36 \times \sqrt{(0.83)^2 + (\frac{3.36}{2})^2}\right)\mathrm{m}^2 \times 4 = 12.59\mathrm{m}^2$$

18）脚手架（按梁的脚手架计算）：

S = 板外圈周长 × 梁下高

$= 3.36\mathrm{m} \times (2.45 - 0.08)\mathrm{m}$

$= 7.96\mathrm{m}^2$

19）地面素土夯实：

$V = 2.1\mathrm{m} \times 2.1\mathrm{m} \times 0.15\mathrm{m}$

$= 0.66\ \mathrm{m}^3$

20）C10 素混凝土地面垫层：

$V = 2.1\mathrm{m} \times 2.1\mathrm{m} \times 0.1\mathrm{m}$

$= 0.44\mathrm{m}^3$

21）地面铺水泥砖：

$S = (3.0 \times 3.0 - 0.2 \times 0.2 \times 4 - 1.58 \times 0.4 \times 2)\mathrm{m}^2$

$= 7.58\mathrm{m}^2$

22）雀替（按组计算）：8 组

（2）工程量清单（表 1-31）。

表 1-31　工程量清单

序　号	项目编码	项目名称	计量单位	工程量
1	053101001	平整场地	m^2	9
2	053101002	基础开挖	m^3	7.78
3	E · 35 · A	基础垫层	m^3	0.39
4	050303001	混凝土柱	m^3	0.7
5	050302005	混凝土板	m^3	6
6	053305004	混凝土挑檐	m^3	0.795
7	050303001	C10 混凝土梁	m^3	0.03
8	生项	防腐木砖	m	13.44
9	050304004	混凝土座椅	m^3	1.01
10	050304301	防腐木板条	m^2	1.58

续表

序　号	项目编码	项目名称	计量单位	工程量
11	053606001	座椅两侧贴芝麻红花岗岩石面	m^2	1.26
12	053602001	柱外抹水泥砂浆面(异型)	m^2	7.90
13	053605003	柱下贴文化砖面	m^2	0.24
14	053702001	柱面刷真石漆	m^2	4.48
15	053603001	板下,挑檐下,侧壁抹水泥面	m^2	4.41
16	053402001	屋面干铺油毡一层	m^2	12.59
17	053401001	屋面铺瓦	m^2	12.59
18	E·38·C	脚手架	m^2	7.96
19	E·35·A	地面素土夯实	m^3	0.66
20	E·35·A	C10 素混凝土地面垫层	m^3	0.44
21	050201001	地面铺水泥砖	m^2	7.58
22	生项	雀替	组	8

【例 33】 某社区绿廊工程量计算(图 1-74 ~ 图 1-77)。

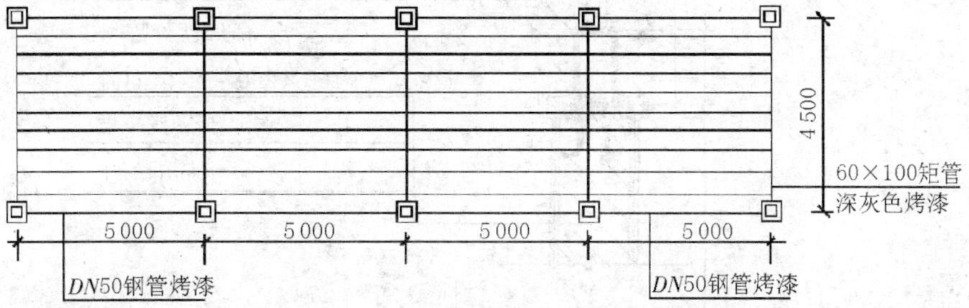

图 1-74　某社区绿廊顶平面图　(单位:mm)

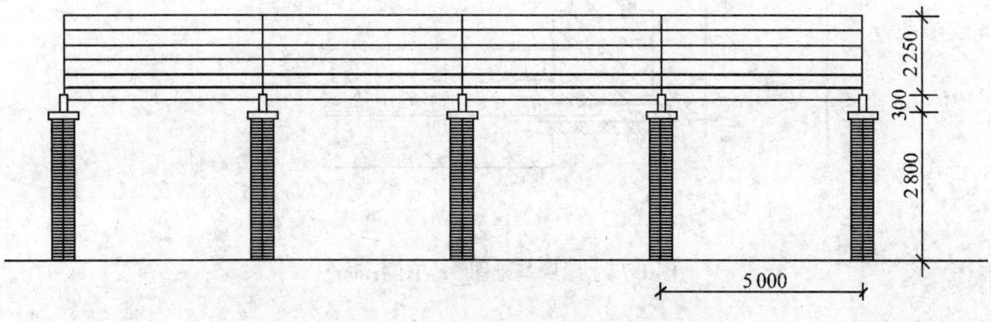

图 1-75　某社区绿廊立面图　(单位:mm)

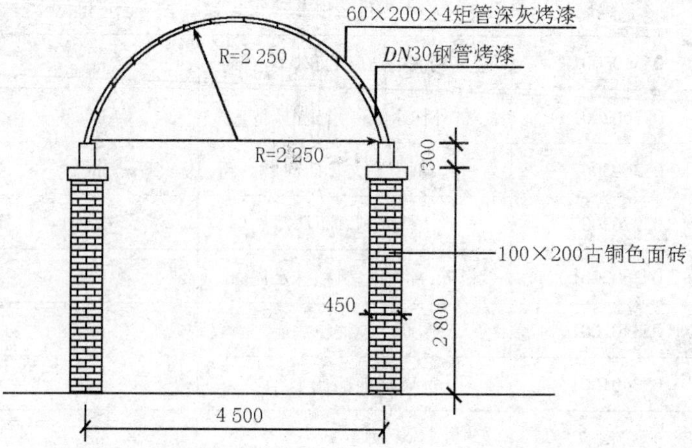

图 1-76　某社区绿廊侧立面图　（单位：mm）

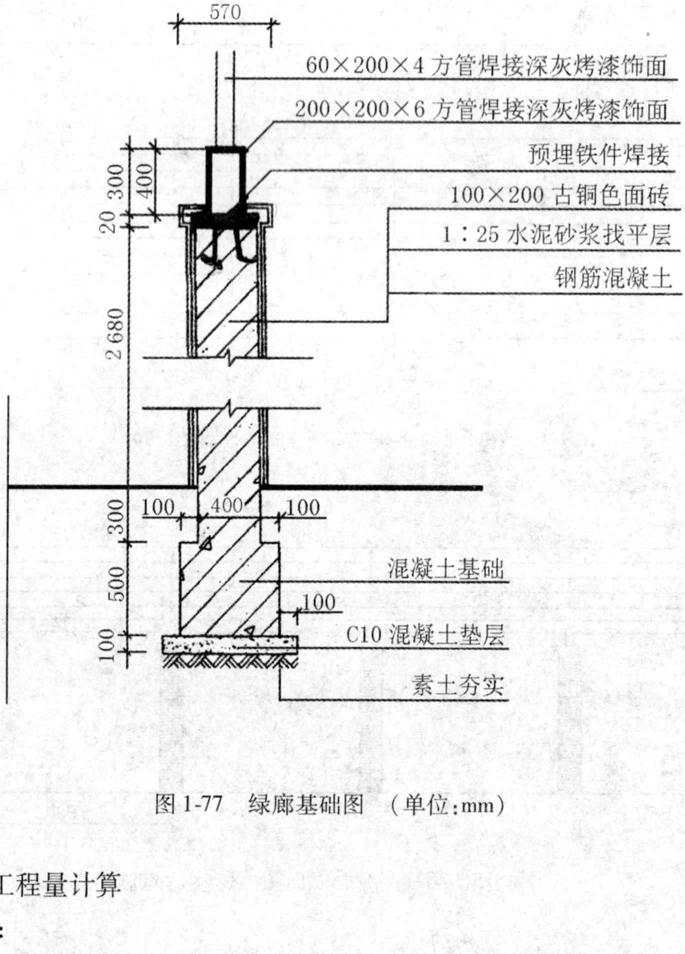

图 1-77　绿廊基础图　（单位：mm）

【解】 (1)工程量计算

1)平整场地：

$S=(5\times4+0.2\times2)\text{m}\times(4.5+0.2\times2)\text{m}=99.96\text{m}^2$

2)柱基开挖:

$V=(0.8+0.6)\text{m}\times(0.8+0.6)\text{m}\times0.9\text{m}\times10$

$=17.64\text{m}^3$

3)柱基 C10 混凝土垫层:

$V=0.8\text{m}\times0.8\text{m}\times0.1\text{m}\times10=0.64\text{m}^3$

4)混凝土柱基:

$V=0.6\text{m}\times0.6\text{m}\times0.5\text{m}\times10=1.8\text{m}^3$

5)回填土:

V =开挖量减去垫层,混凝土基础,柱基量

$=(17.64-0.64-1.8-0.4\times0.4\times0.3\times10)\text{m}^3=14.72\text{m}^3$

6)混凝土柱:

$V=[0.4\times0.4\times(0.3+2.68)\times10+0.57\times0.12\times0.57\times8]\text{m}^3$

$=5.08\text{m}^3$

7)柱面抹水泥砂浆面:

$S=[0.45\times4\times(2.68+0.12)\times8+(0.57\times0.57+0.06\times2\times0.57)\times8]\text{m}^2$

$=43.47\text{m}^2$

8)柱面古铜色面砖:

$S=[0.45\times4\times(2.68+0.12)\times8+(0.57\times0.57+0.06\times2\times0.57)\times8]\text{m}^2$

$=43.47\text{m}^2$

9)绿廊架:

①60×200 方管重 $=\left[\frac{2\times3.14\times2.25}{2}\times5\times16.33(\text{每米重量})\right]\text{kg}=576.86\text{kg}$

②200×200 方管重 $=[0.4\times10\times37.68(\text{每米重量})]\text{kg}=150.72\text{kg}$

③DN30 钢管重 $=[5\times14\times4\times1.58(\text{每米重量})]\text{kg}=442.4\text{kg}$

④DN50 钢管重 $=[5\times4\times2\times2.93(\text{每米重量})]\text{kg}=117.2\text{kg}$

总计重量 $=(576.86+150.72+442.4+117.2)\text{kg}=1287.18\text{kg}\approx1.287\,2\text{t}$

(2)工程量清单(表 1-32)。

表 1-32　工程量清单

序号	项目编码	项目名称	计量单位	工程量
1	053101001	平整场地	m^2	99.96
2	053101002	挖地坑	m^3	17.64
3	E·33·D	C10 混凝土基础垫层	m^3	0.64
4	053301002	C20 钢筋混凝土基础	m^3	1.8
5	053103001	回填土	m^3	14.72
6	050303001	混凝土柱	m^3	5.08
7	053602001	柱面抹水泥砂浆面	m^2	43.47
8	053605003	柱面贴红色面砖	m^2	43.47
9	050303004	绿廊架	t	1.287 2

【例 34】 带座凳的花池工程量计算（图 1-78 ~ 图 1-79）。

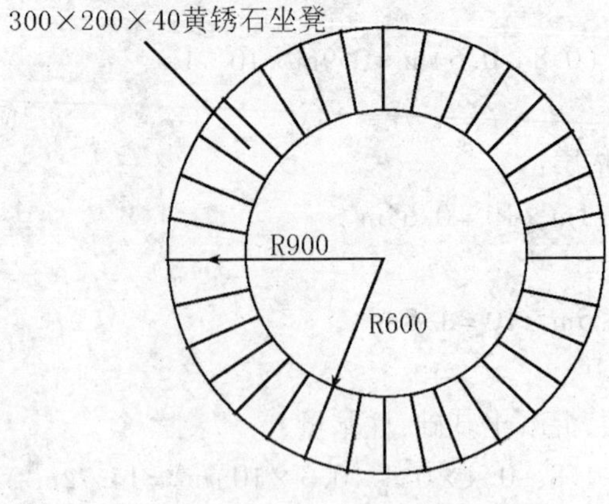

图 1-78 带座凳花池平面图 （单位：mm）

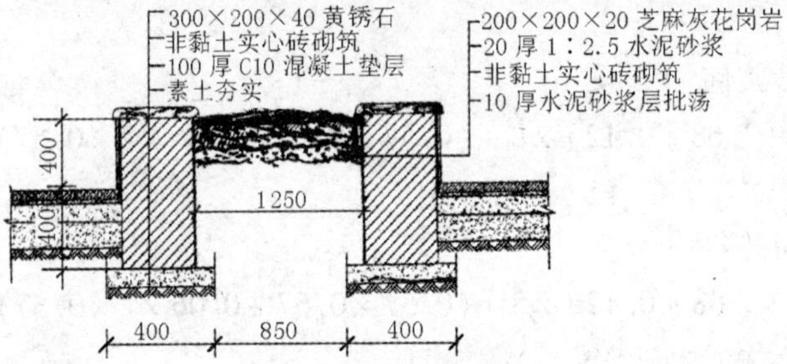

图 1-79 带座凳花池剖面图 （单位：mm）

【解】 (1)工程量计算

1)挖地坑：

V = 断面（考虑工作面）× 开挖高

$= 3.14 \times (\frac{1.250}{2} + 0.3)^2 \times (0.45 + 0.1)\text{m}^3$

$= 1.48\text{m}^3$

2)回填种植土：

V = 内断面 × 填土高 × 虚土折松土系数

$= 3.14 \times (\frac{1.250}{2})^2 \times (0.45 + 0.4 + 0.1) \times 1.25\text{m}^3$

$= 1.46\text{m}^3$

3)C10 混凝土基础垫层：

V = 混凝土断面面积 × 高

$= (3.14 \times 1.25^2 - 3.14 \times 0.85^2) \times 0.1\text{m}^3$

$= 0.27\text{m}^3$

4)砌花池：

$V = (3.14 \times 0.9^2 - 3.14 \times 0.6^2) \times (0.45 + 0.4)\text{m}^3$

$= 1.2\text{m}^3$

5）黄锈石座凳：

S = 外圈面积 − 内圈面积

$= (3.14 \times 0.9^2 - 3.14 \times 0.6^2)m^2$

$= 1.41m^2$

6）池外贴芝麻灰花岗岩：

S = 外圈周长 × 贴面高度

$= 2 \times 3.14 \times 0.9m \times 0.4m$

$= 2.26m^2$

（2）工程量清单（表 1-33）。

表 1-33　工程量清单

序号	项目编码	项目名称	计量单位	工程量
1	053101002	挖地坑	m^3	1.48
2	E·1·E	回填种植土	m^3	1.46
3	E·35·A	C10 混凝土基础垫层	m^3	0.27
4	053202004	砌花池	m^3	1.2
5	050304301	黄锈石坐凳	m^2	1.41
6	053607001	池外贴芝麻灰花岗岩	m^2	2.26

【例 35】　木条座凳工程量计算（图 1-80、图 1-81）。

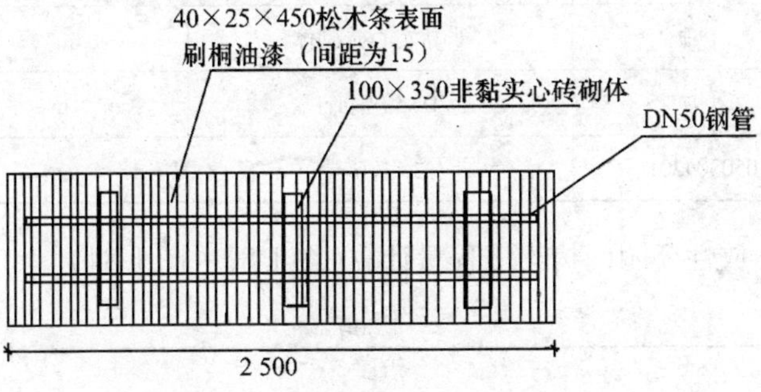

图 1-80　木条座凳平面图　（单位：mm）

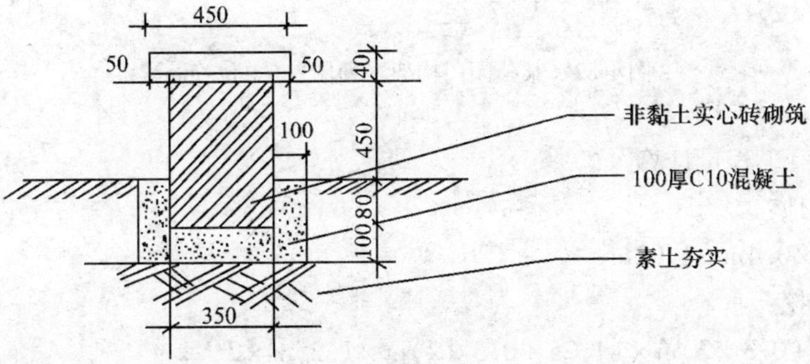

图 1-81　木条座凳剖面图　（单位：mm）

【解】 (1)工程量计算

1)人工挖槽

$V=(0.35+0.2)\times(0.1+0.2)\times0.28\times3\text{m}^3=0.14\text{m}^3$

2)C10 混凝土垫层：

$V=[(0.35+0.2)\times(0.1+0.2)\times0.28\times3-0.35\times0.1\times0.18\times3]\text{m}^3=0.12\text{m}^3$

3)非黏实心砖砌体：

$V=0.35\times0.1\times(0.18+0.45)\times3\text{m}^3=0.07\text{m}^3$

4)DN50 钢管：

$L=2.5\text{m}\times2=5\text{m}$

5)松木条座凳：

松木条 $N=\dfrac{2500}{25+15}=62.5\approx63$

$V=0.45\times0.025\times0.04\times63\text{m}^3=0.03\text{m}^3$

(2)工程量清单(表 1-34)。

表 1-34 工程量清单

序号	项目编码	项目名称	计量单位	工程量
1	053101002	人工挖槽	m^3	0.14
2	E·35·A	C10 混凝土垫层	m^3	0.12
3	生项	非黏实心砖砌体	m^3	0.07
4	生项	DN50 钢管	m	5
5	050304301	松木条座凳	m^3	0.03

【例 36】 某开放性公园门构架工程量计算(图 1-82 ~ 图 1-84)。

图 1-82 某公园门构架平面图 (单位:mm)

【解】 (1)工程量计算

1)平整场地：

$S=4.8\text{m}\times0.4\text{m}=1.92\text{m}^2$

2)基础开挖：

$V=(1.2+0.3\times2)\text{m}\times(1.25+0.3\times2)\text{m}\times1.25\text{m}\times2$
$=8.325\text{m}^3$

3)C10 混凝土基础垫层：

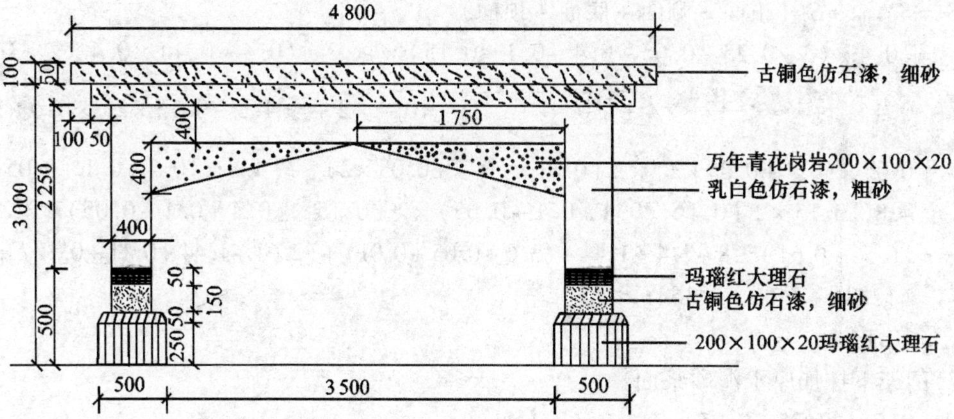

图 1-83　某公园门构架立面图　（单位:mm）

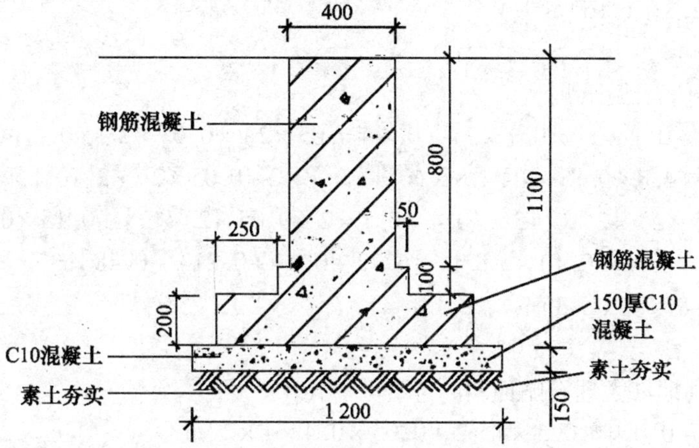

图 1-84　某公园门构架基础剖面图　（单位:mm）

$V = 1.2\text{m} \times 1.2\text{m} \times 0.15\text{m} \times 2 = 0.43\text{m}^3$

4）钢筋混凝土基础：

$V = (1 \times 1 \times 0.2 \times 2 + 0.5 \times 0.5 \times 0.1 \times 2)\text{m}^3$

$= 0.45\text{m}^3$

5）混凝土门架：

$V = V_{基础} + V_{主体}$

$= [0.4 \times 0.4 \times 0.8 \times 2 + 0.4 \times 0.4 \times (3 - 0.4 - 0.1 - 0.15) \times 2 + (4.8 - 0.15 \times 2 - 0.4 \times 2) \times 0.4 \times 0.4 + (4.8 - 0.1 \times 2) \times 0.1 \times (0.4 + 0.05 \times 2) + 4.8 \times (0.4 + 0.15 \times 2) \times 0.15 + \frac{0.4 \times 1.75}{2} \times 0.4 \times 2]\text{m}^3$

$= (0.256 + 0.752 + 0.592 + 0.23 + 0.504 + 0.28)\text{m}^3$

$= 2.61\text{m}^3$

6）门架水泥砂浆抹面（门柱下加厚部分除外）：

$S = S_{柱四周} + S_{顶}$(正面+侧面+底面+顶面)

$= \{0.4\times(3-0.25-0.05-0.4-0.1-0.15)\times4\times2-(0.4+0.4)\times0.4\times2+3.5\times0.4\times2+\frac{1.75\times0.4}{2}\times4+\sqrt{0.4^2+1.75^2}\times0.4\times2+[(4.8-0.15\times2)\times0.4\times2+0.05\times(0.4+0.05\times2)\times2+0.01\times(0.4+0.05\times2)]+[4.8\times(0.4+0.1+0.05)+4.8\times0.15\times2+0.1\times(0.4+0.1+0.05)\times2+0.15\times(0.4+0.1+0.05)\times2]\}m^2$

$=[6.56+0.64+2.8+1.4+1.44+(3.6+0.05+0.01)+(2.64+1.44+0.11+0.17)]m^2$

$=(12.84+3.66+4.36)m^2$

$=20.86m^2$

7)门架下抹加厚水泥砂浆面:

$S=0.5\times(0.25+0.05)\times4\times2m^2=1.2m^2$

8)刷乳白仿石漆粗砂:

$S=[2.25\times0.4\times3\times2+3.5\times0.4\times2+(2.25-0.4-0.4)\times0.4\times2]m^2$

$=(5.4+2.8+1.16)m^2$

$=9.36m^2$

9)刷古铜色仿石漆细砂:

$S=\{[(4.8-0.1\times2)\times0.1\times2+(0.4+0.05\times2)\times0.05\times2+(0.4+0.05\times2)\times0.1\times2]+[(4.8\times0.15\times2+4.8\times(0.4+0.1\times2+0.05\times2)\times2+0.1\times(0.4+0.1\times2+0.05\times2)\times2+0.15\times(0.4+0.1\times2+0.05\times2)\times2]+0.15\times0.4\times4\times2\}m^2$

$=[(0.92+0.05+0.1)+(1.44+6.72+0.14+0.21)+0.48]m^2$

$=(1.07+8.51+0.48)m^2$

$=10.06m^2$

10)柱四周玛瑙红大理石贴面:

$S=[(0.25+0.05)\times0.5\times4\times2+0.05\times0.4\times4\times2]m^2$

$=(1.2+0.16)m^2$

$=1.36m^2$

11)万年青花岗岩贴面:

$S=\left(\frac{1.75\times0.4}{2}\times2\times2+\sqrt{1.75^2+0.4^2}\times0.4\times2\right)m^2$

$=(1.4+1.44)m^2$

$=2.84m^2$

(2)工程量清单(表1-35)。

表1-35 工程量清单

序号	项目编码	项目名称	计量单位	工程量
1	053101001	平整场地	m^2	1.92
2	053101002	基础开挖	m^3	8.325
3	E·33·D	C10混凝土基础垫层	m^3	0.43
4	053301002	混凝土基础	m^3	0.45
5	053301002	混凝土门架	m^3	2.61

续表

序号	项目编码	项目名称	计量单位	工程量
6	053602001	门架水泥砂浆抹面 (门柱下加厚部分除外)	m^2	20.86
7	053602001	门架下抹加厚水泥沙砂浆面	m^2	1.2
8	生项	刷乳白仿石漆粗砂	m^2	9.36
9	生项	刷古铜色仿石漆细砂	m^2	10.06
10	053605001	柱四周玛瑙红大理石	m^2	1.36
11	053605001	万年青花岗石面	m^2	2.84

【例 37】 某花园中心广场旱喷泉工程量计算(图 1-85 ~ 图 1-87)。

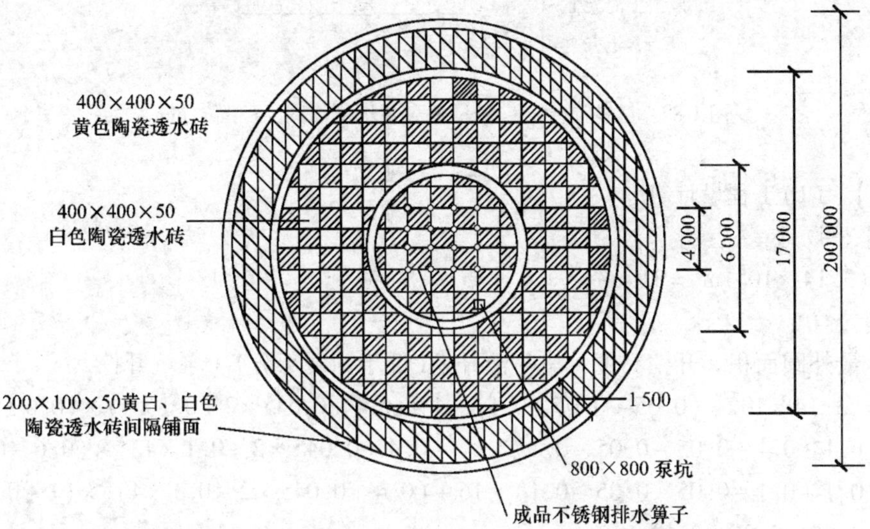

图 1-85 某花园中心广场旱喷泉平面图 (单位:mm)

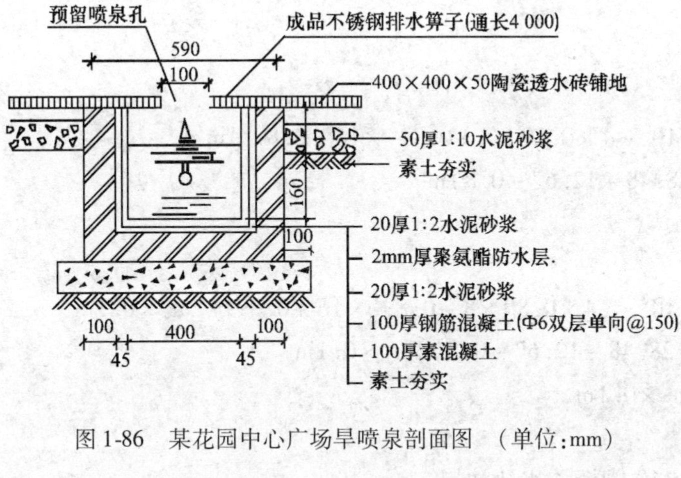

图 1-86 某花园中心广场旱喷泉剖面图 (单位:mm)

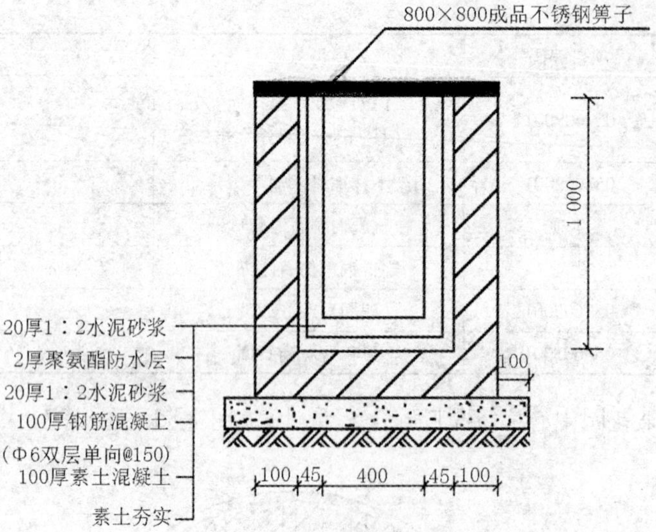

图1-87　某花园中心广场旱喷泉泵坑剖面图　（单位：mm）

【解】 (1)工程量计算

1)平整场地：

$S=(3.14\times10^2)\,m^2=314m^2$

2)挖土方：

V = 最外圆面积×开挖高度+旱喷池开挖(低于铺装部分)+泵坑开挖

$=[3.14\times10^2\times(0.05+0.05+0.1)+4\times(0.4+0.045\times2+0.1\times4)\times(0.6+0.045+0.1+0.1-0.05-0.05-0.1)\times8+(0.4+0.045\times2+0.1\times4)^2\times(0.6+0.045+0.1+0.1-0.05-0.05-0.1)\times16+(0.4+0.045\times2+0.1\times4)^2\times(1+0.1\times2-0.05-0.05-0.1)]\,m^3$

$=(3.14\times10^2\times0.2+4\times0.89\times0.645\times8+0.89^2\times0.645\times16+0.89^2\times1)\,m^3$

$=(62.8+18.37+8.17+0.8)\,m^3$

$=90.14m^3$

3)广场地面：

①原土夯实

$S=(3.14\times10^2-4\times0.89\times8+0.89^2\times16-0.89^2)\,m^2$

$=(314-28.48+12.67-0.8)\,m^2$

$=297.39m^2$

②石子：

$V=[3.14\times10^2-(4\times0.89\times8-0.89^2\times16+0.89^2)]\,m^2\times0.1m$

$=[314-(28.48-12.67+0.8)]\,m^2\times0.1m$

$=297.39m^2\times0.1m$

$=29.74m^3$

③400×400×50 陶瓷透水砖面层：

$S=(3.14\times8.5^2-4\times0.59\times8+0.59^2\times16-0.8^2)\text{m}^2$

$=(226.87-18.88+5.57-0.64)\text{m}^2$

$=212.92\text{m}^2$

④200×100×50 陶瓷透水砖面层：

$S=(3.14\times10^2-3.14\times8.5^2)\text{m}^2$

$=(314-226.87)\text{m}^2$

$=87.14\text{m}^2$

⑤黑色花岗石条石：

$L=(2\times3.14\times10+2\times3.14\times8.5+2\times3.14\times3)\text{m}$

$=135.02\text{m}$

4)旱喷池：

①原土夯实：

$S=(0.89\times4\times8-0.89^2\times16)\text{m}^2$

$=(28.48-12.67)\text{m}^2$

$=15.81\text{m}^2$

②C10 混凝土垫层：

$V=(0.89\times4\times8-0.89^2\times16)\times0.1\text{m}^3$

$=1.58\text{m}^3$

③混凝土池：

$V=$池底+池壁

$=[(0.69\times4\times8-0.69^2\times16)\times0.1+(0.645\times4\times0.1\times2\times8-0.1^2\times4\times16)]\text{m}^3$

$=[(22.08-7.62)\times0.1+(4.128-0.64)]\text{m}^3$

$=(1.46+3.49)\text{m}^3$

$=4.95\text{m}^3$

④1∶2 水泥沙浆抹面(两次)：

$S=[4\times0.4\times8-0.4\times0.4\times16+4\times0.6\times2\times8-(0.1+0.045)\times0.6\times2\times16]\text{m}^2\times2$

$=(12.8-2.56+38.4-2.784)\text{m}^2\times2$

$=45.856\text{m}^2\times2$

$=91.71\text{m}^2$

⑤抹聚氨脂防水层：

$S=[4\times0.4\times8-0.4\times0.4\times16+4\times0.6\times2\times8-(0.1+0.045)\times0.6\times2\times16]\text{m}^2$

$=(12.8-2.56+38.4-2.784)\text{m}^2$

$=45.86\text{m}^2$

⑥不锈钢排水箅子：

$S=(4\times0.59\times8-0.59\times0.59\times16)\text{m}^2$

$=(18.88-5.57)\text{m}^2$

$=13.31\text{m}^2$

5)泵坑

①原土夯实：

$S=(0.8+0.1\times2)\text{m}\times(0.8+0.1\times2)\text{m}=1\text{m}^2$

②C10 混凝土基础垫层：

$V=(0.8+0.1\times2)\text{m}\times(0.8+0.1\times2)\text{m}\times0.1\text{m}=0.1\text{m}^3$

③混凝土池：

$V=$ 池底 + 池壁

$=[0.8\times0.8\times0.1+(0.8\times1\times0.1+0.6\times1\times0.1)\times2]\text{m}^3$

$=0.34\text{m}^3$

④1∶2 水泥沙浆抹面(两次)：

$S=(0.6\times0.6+0.6\times4\times7)\text{m}^2\times2=34.32\text{m}^2$

⑤抹聚氨脂防水层：

$S=(0.6\times0.6+0.6\times4\times1)\text{m}^2=2.76\text{m}^2$

⑥不锈钢排水箅子：

$S=0.8\text{m}\times0.8\text{m}=0.64\text{m}^2$

(2)工程量清单(表 1-36)。

表 1-36 某花园中心广场旱喷泉工程量

序 号	项目编码	项目名称	计量单位	工程量
1	053101001	平整场地	m^2	314
2	053101002	挖土方	m^3	90.14
3	E·31·B	原土夯实	m^2	297.39
4	E·33·D	石子	m^3	29.74
5	053502001	陶瓷透水砖地面面层	m^2	212.92
6	053502001	陶瓷透水砖地面面层	m^2	87.14
7	生项	黑色花岗石条石	m	135.02
8	E·31·B	原土夯实	m^2	15.81
9	E·33·D	C10 混凝土基础垫层	m^3	1.58
10	0503006301	混凝土池	m^3	4.95
11	053403003	1∶2 水泥砂浆抹面(两次)	m^2	91.71
12	053403002	抹聚氨酸防水层	m^2	45.86
13	生项	不锈钢排水箅子	m^2	13.31
14	E·31·B	原土夯实	m^2	1
15	E·33·D	C10 混凝土基础垫层	m^3	0.1
16	050306301	混凝土池	m^3	0.34
17	053403003	1∶2 水泥砂浆抹面(两次)	m^2	34.32
18	053403002	抹聚氨脂防水层	m^2	2.76
19	生项	不锈钢排水箅子	m^2	0.64

【例 38】 有一段园路,尺寸如图 1-88、图 1-89 所示。

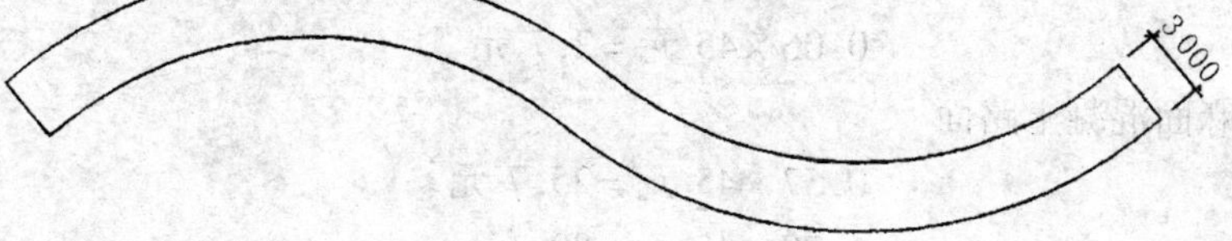

图 1-88 园路平面图 (单位:mm)

说明:弧长 15m

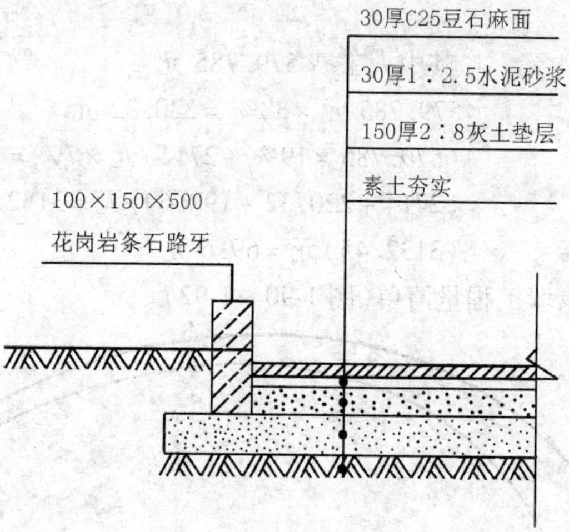

图 1-89 园路剖面图 (单位:mm)

【解】 (1)工程量计算:

1)园路:$15m \times 3m = 45m^2$

整理场地$(15+2)m \times (3+2)m = 85m^2$

2)2:8 灰土垫层

$V = S \times h$

$= 45m^2 \times 0.15m$

$= 6.75m^3$

3)C25 豆石 $45m^2$

4)路道牙

①路牙 3:7 灰土 $30 \times 0.1 \times 0.5m^2 = 1.5m^2$

②路牙混凝土侧石 $30 \times 0.1 \times 0.5m = 1.5m$

③路牙侧石安装 $15m \times 2 = 30m$

(2)投标人计算:

1)2:8 灰土垫层 $6.75m^3$

人工费: 28.22×6.75 元 $= 190.485$ 元

材料费: 14.84×6.75 元 $= 100.17$ 元

机械费: 0.54×6.75 元 $= 3.645$ 元

2)豆石麻面混凝土路面 12cm 厚

人工费　　8.08×45 元 = 363.6 元
材料费　　21.64×45 元 = 973.8 元
机械费　　0.06×45 元 = 2.7 元

3）豆石麻面混凝土路面

人工费　　0.57×45 元 = 25.7 元
材料费　　1.78×45 元 = 80.1 元

4）路牙安装侧石

30×32.46 元 = 973.8 元

5）综合

①直接费合计:2714 元　　其中人工费 579.785 元
②管理费　　579.785 元×38% = 220.32 元
③利润　　(579.785×19% +2714)元×7% = 197.69 元
④总计　　(2714 +220.32 +197.69)元 = 3132 元
⑤综合单价　　(3132/45)元 = 69.6 元

【例 39】 某园林景墙工程量清单(图 1-90 ~ 1-92)。

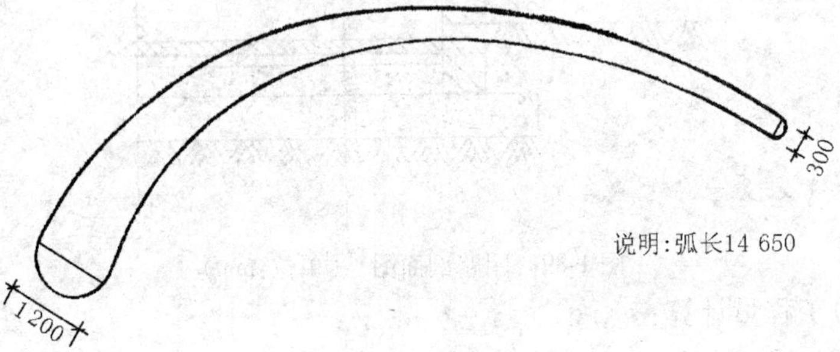

图 1-90　园林景墙平面图　(单位:mm)

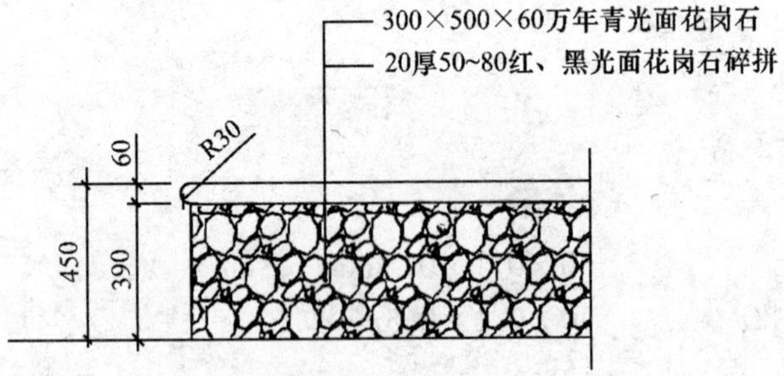

图 1-91　园林景墙立面图　(单位:mm)

【解】 (1)工程量计算

1)平整场地

S = 长度 × 平均宽度 + 大半圆 + 小半圆

长度 = 14.65m

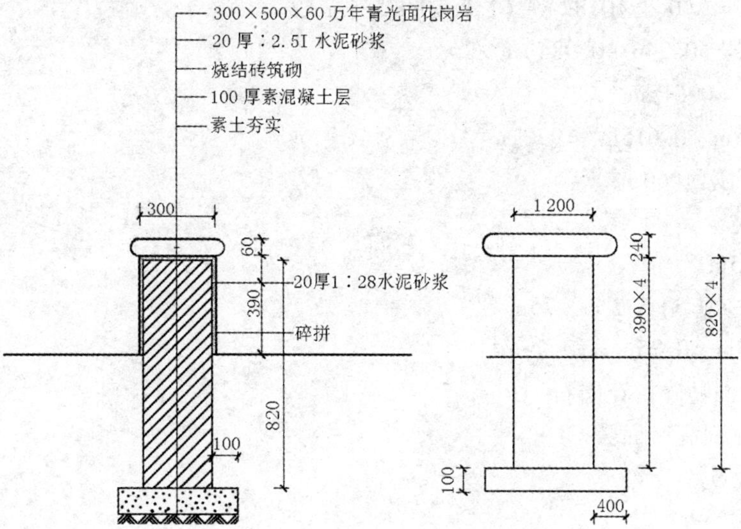

图 1-92　园林景墙剖面图　（单位：mm）

平均宽度 = (1.2 + 0.3) m/2 = 0.75m

$S = [(14.65 + 2) \times (0.75 + 2) + 0.6^2 \times 3.14 + 0.15^2 \times 3.14]\,m^2$

$= (45.79 + 1.13 + 0.07)\,m^2$

$= 46.99m^2$

2）挖地槽

V = 长 × 宽 × 开挖高

长 = 14.65m

宽 = [(0.5 + 2)/2 + 0.6] m　考虑工作面

开挖高 = (0.82 + 0.1 − 0.39) m

$V = 14.65m \times 0.53m \times 1.85m$

$= 14.36m^3$

3）回填土

V = 挖土量 × 系数

$= 14.36m^3 \times 0.6$

$= 8.62m^3$

4）C10 混凝土基础垫层

V = 长 × 垫层断面

长 = 14.65m

垫层断面 $(0.5 \times 0.1 + 2 \times 0.1)\,m^2/2 = 0.125m^2$

$V = 14.65m \times 0.125m^2 = 1.83m^3$

5）砌圆弧景墙

V = 长 × 墙体断面

长 = 14.65m

墙体断面 $=[(0.3\times0.82)+(1.2\times0.82)]m^2/2$

$=(0.246+0.984)m^2/2$

$=0.615m^2$

$V=14.65m\times0.615m^2=9.01m^3$

6)花岗石压顶(60 厚)

S = 长 × 宽

长 $=14.65m$

宽 $=(1.2+0.3)m/2=0.75m$

$S=14.65m\times0.75m=10.99m^2$

7)景墙两面贴碎拼花岗石

S = 长 × 贴面高 × 面数

长 $=14.65m$

贴面高 $=0.39m$

$S=14.65m\times0.39m\times2=11.43m^2$

(2)工程量清单计价表(表 1-37)。

表 1-37 工程量清单计价表

序号	项目编码	项目名称	单位	工程量	金额/元	
					综合单价	合价
1		平整场地	m^2	46.99	2.69	126.40
2		挖地槽	m^3	14.36	15.22	218.56
3		回填土	m^3	8.62	9.47	81.63
4		C10 混凝土基础	m^3	1.83	230	420.9
5		砌圆孤景墙	m^2	9	237.57	2 138.13
6		花岗岩压顶(60 厚)	m^2	10.99	320	3 516.8
7		景墙两面贴碎拼花岗石	m^2	11.43	95	1 085.85
		合计				7 588.27

注:其他费用计取略。

【例 40】 张拉膜工程量清单(图 1-93 ~ 图 1-96)。

【解】 (1)工程量计算:

1)平整场地:

S =(长 + 托宽工作面值)×(宽 + 托宽工作面值)

$=(10+2)m\times(6.9+2)m$

$=106.8m^2$

2)挖土方:

V = 长 × 宽 × 高(按全开挖考虑即)

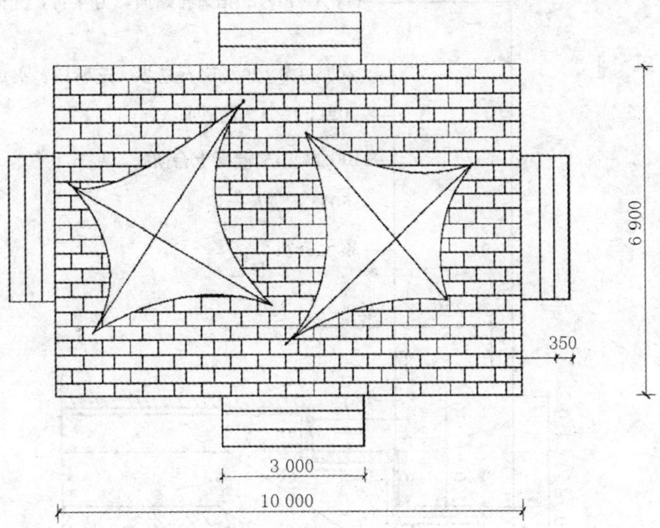

图 1-93　张拉膜亭平面图　（单位：mm）

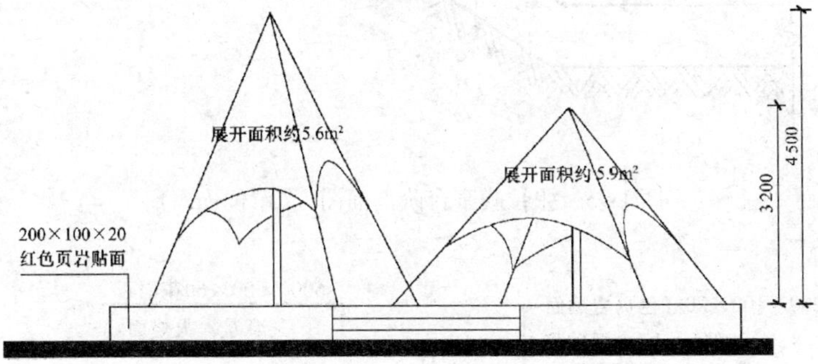

图 1-94　张拉膜立面图　（单位：mm）

长 = (10 + 0.2) m = 10.2m

宽 = (6.9 + 0.2) m = 7.1m

高 = (0.3 + 0.1) m = 0.4m

$V = 10.2\text{m} \times 7.1\text{m} \times 0.4\text{m} = 28.97\text{m}^3$

3) 亭下原土夯实

按开挖面积计算：

$S = 10.2\text{m} \times 7.1\text{m} = 72.42\text{m}^2$

4) 亭台下 3∶7 灰土

V = 亭台下净面积 × 高

亭台下净面积 = 净长 × 净宽

= (10 − 0.12 × 2) m × (6.9 − 0.12 × 2) m

= 65.00m²

高 = 3∶7 灰土厚度 = 0.15m

$V = 65.0\text{m}^2 \times 0.15\text{m} = 9.75\text{m}^3$

5) 亭台下 C10 混凝土垫层

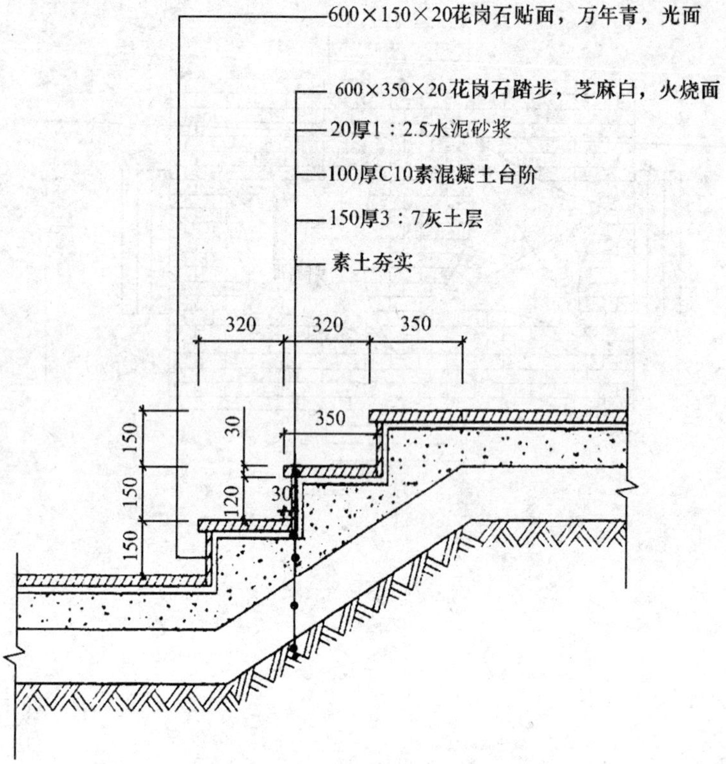

图 1-95　张拉膜亭台阶剖面图　（单位:mm）

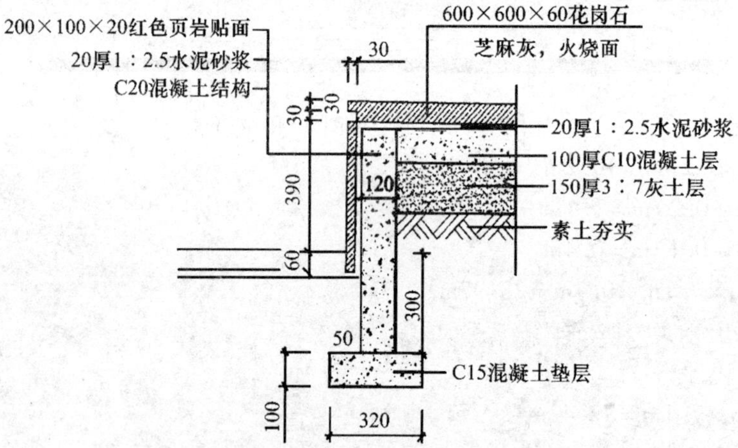

图 1-96　张拉膜亭亭台做法详图　（单位:mm）

V = 亭下净面积 × 高 = $65.0\text{m}^2 \times 0.1\text{m} = 6.50\text{m}^3$

6）地面芝麻灰花岗石面层

按亭台实铺面积计算

$S = 10\text{m} \times 6.9\text{m} = 69\text{m}^2$

7）1∶2.5 水泥浆

V = 亭台面积 × 厚度 + 亭台四周净面积 × 厚度

$= [69 \times 0.02 + (0.39 \times 10 \times 2 + 0.39 \times 6.9 \times 2 - 0.39 \times 3 \times 4) \times 0.02] m^3$

$= 1.55 m^3$

8)亭台侧面贴红色页岩

S = 亭台侧面周圈长 × 贴面高 − 台阶正方面所占面积

$= [(10 + 6.9) \times 2 \times (0.39 + 0.06) - 3 \times 4 \times (0.39 + 0.06)] m^2$

$= 9.81 m^2$

9)亭台四周 C20 混凝土壁

V = 周圈净长度 × 混凝土断壁

$= [10 - (0.03 + 0.02) \times 2 + 6.9 - (0.03 + 0.02) \times 2] \times 2 \times 0.12 \times 0.69 m^3$

$= 2.77 m^3$

10)混凝土壁下 C15 垫层

V = 周圈中心线长 × 垫层断面

$= [10 - (0.03 + 0.02) \times 2 + 6.9 - (0.03 + 0.02) \times 2] \times 2 \times 0.32 \times 0.1 m^3$

$= 1.07 m^3$

11)台阶混凝土面积

S = 台阶水平投影面积 × 数量

$= (0.32 + 0.32 + 0.35) \times 3 \times 4 m^2$

$= 11.88 m^2$

12)台阶贴花岗石面

S = (台阶水平总面积 + 台阶竖直总面积) × 数量

$= (0.35 \times 3 \times 3 + 0.12 \times 3 \times 3) m^2 \times 4$

$= 16.92 m^2$

13)台阶下 3:7 灰土

V = 台阶长 × 斜宽 × 厚

$= 3 \times 1.05 \times 0.15 \times 4 m^3$

$= 1.89 m^3$

14)张拉膜亭

实际测得膜面面积 $= (5.6 + 5.9) \times 4 m^2 = 46.0 m^2$

(2)工程量清单计价表(表 1-38)。

表 1-38 工程量清单计价表

序号	项目编码	项目名称	单位	工程量	金额	
					综合单价	合价
1		平整场地	m^2	106.8	2.69	287.29
2		挖土方	m^3	28.97	11.34	328.52
3		亭下原土夯实	m^2	72.42	0.74	53.59
4		亭台下 C10 混凝土垫层	m^3	6.5	230	1 495
5		地面芝麻灰花岗石面层	m^2	69	110	7 590

续表

序号	项目编码	项目名称	单位	工程量	金额	
					综合单价	合价
6		亭台下3:7灰土	m^3	9.75	115.41	1 125.25
7		1:2.5水泥浆	m^3	1.55	78.76	122.08
8		亭台四周C20混凝土壁	m^3	2.77	980	2 714.6
9		混凝土壁下C15垫层	m^3	1.07	260	278.2
10		台阶混凝土	m^2	11.88	96	1 140.48
11		台阶花岗石贴面	m^2	16.92	116	1 962.72
12		台阶下3:7灰土	m^3	1.89	115.41	218.12
13		亭台侧面贴红色页岩	m^2	9.81	160	1 569.6
14		张拉膜亭	m^2	46	110	5 060
		总计				23 945.45

【例41】 某花船工程量计算(图1-97、图1-98)。

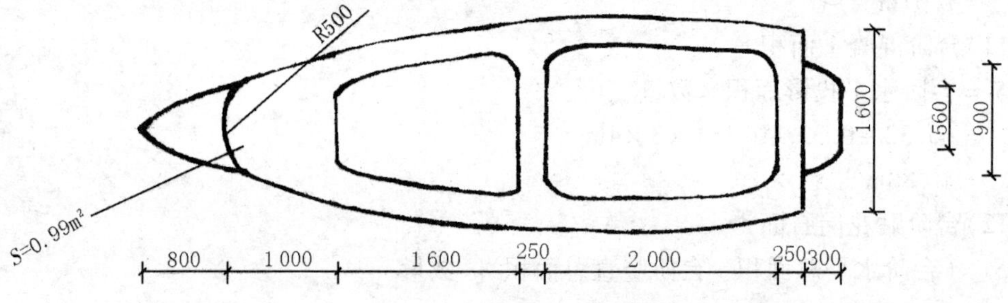

图1-97 花船平面图 (单位:mm)

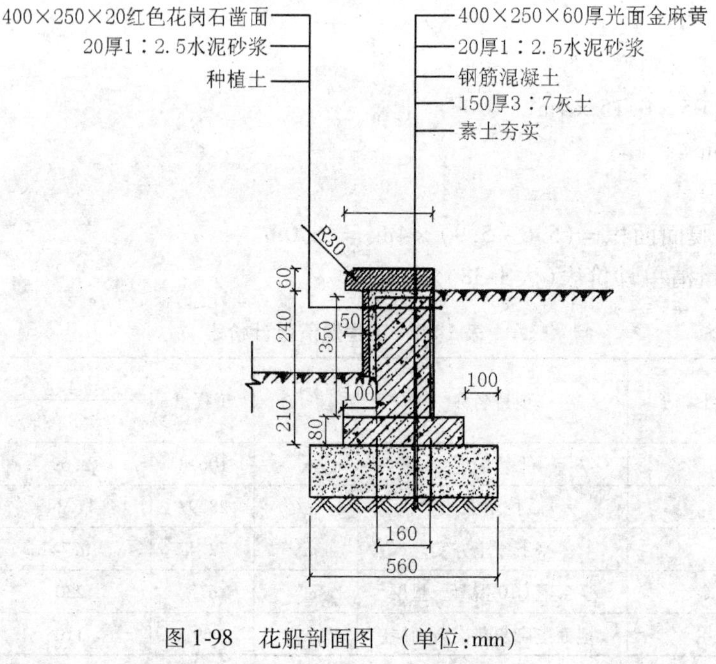

图1-98 花船剖面图 (单位:mm)

【**解**】 (1)工程量计算

1)平整场地

按最大的边距的面积来计算

$S=(0.8+1+1.6+0.25\times2+0.3+2.0)\mathrm{m}\times1.6\mathrm{m}$

$=9.92\mathrm{m}^2$

2)挖土方

按实宽工作面的边距计算

$V=$长×宽×高

$=(6.2+0.2\times2)\mathrm{m}\times(1.6+0.2\times2)\mathrm{m}\times(0.21+0.15)\mathrm{m}$

$=4.75\mathrm{m}^3$

3)素土夯实

经实测除船体前方弧形以外,其他船体的中心线包括中间的船体为12.1

$S=S_{\text{弧形(按近似等腰梯形考虑)}}+S_{\text{其他船体}}$

$$=\left\{\frac{[(0.85+0.2\times2)+(1.3+0.2\times2)]\times1}{2}+12.1\times0.56+\frac{1}{2}\times1.3\times1-\frac{1}{2}\times0.5^2\times3.14+\frac{1}{2}\times0.3\times(0.9+0.56)\right\}\mathrm{m}^2$$

$=8.30\mathrm{m}^2$

4)3:7 灰土垫层

$V=S\cdot h$

S为素土夯实面积

$V=8.30\mathrm{m}^2\times0.15\mathrm{m}=1.245\mathrm{m}^3$

5)钢筋混凝土垫层

$V=S\cdot h$

S为素土夯实面积

$V=8.30\mathrm{m}^2\times0.08\mathrm{m}=0.664\mathrm{m}^3$

6)钢筋混凝土船体

$$V=\left[0.99+\frac{1}{2}\times1\times1.3-\frac{1}{2}\times0.5^2\times3.14+\frac{1}{2}\times0.3\times(0.9+0.56)+12.1\times0.16\right]\times0.35\mathrm{m}^3$$

$=1.19\mathrm{m}^3$

7)红色花岗石船壁

$S=$外圆弧长×高,外圈弧长=实际测量周长=13.2m

$S=13.2\mathrm{m}\times0.24\mathrm{m}=3.168\mathrm{m}^2$

8)60厚光面金麻黄花岗石压顶:

$S=S_{\text{弧形}}+S_{\text{其他船体}}$

$$=\left\{0.99+12.1\times0.25+\left[\left(\frac{1}{2}\times1.3\times1-\frac{1}{2}\times0.5^2\times3.14\right)+\frac{1}{2}\times0.3\times(0.9+0.56)\right]\right\}\mathrm{m}^2$$

$=(0.99+3.025+0.2575+0.219)\mathrm{m}^2$

$=4.49\mathrm{m}^2$

(2)工程量清单计价表(表1-39)。

表1-39　工程量清单计价表

序号	项目编码	项目名称	单位	工程量	金额/元	
					综合单价	合价
1		平整场地	m^2	9.92	2.69	26.68
2		挖土方	m^3	4.75	11.34	53.87
3		素土夯实	m^2	8.30	65	539.5
4		3:7灰土层	m^3	1.25	115.41	144.26
5		钢筋混凝土垫层	m^3	0.664	550	385
6		钢筋混凝土船体	m^3	1.19	1 280	1 523.2
7		红色花岗石船壁	m^2	3.168	142	449.86
8		60厚光面金麻黄花岗石压顶	m^2	4.49	165	740.85
		总　计				3 863.22

【例42】 某小区传达室工程量计算(图1-99~图1-103)

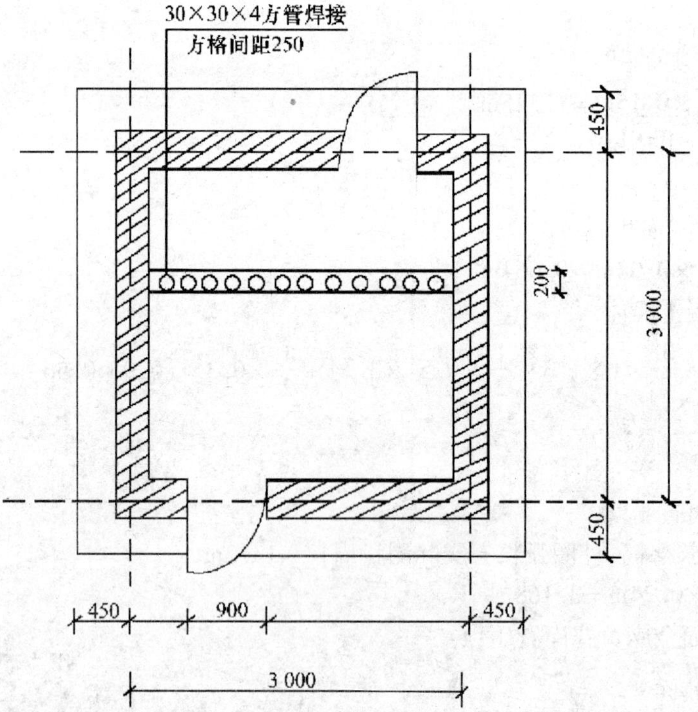

图1-99　平面图　(单位:mm)

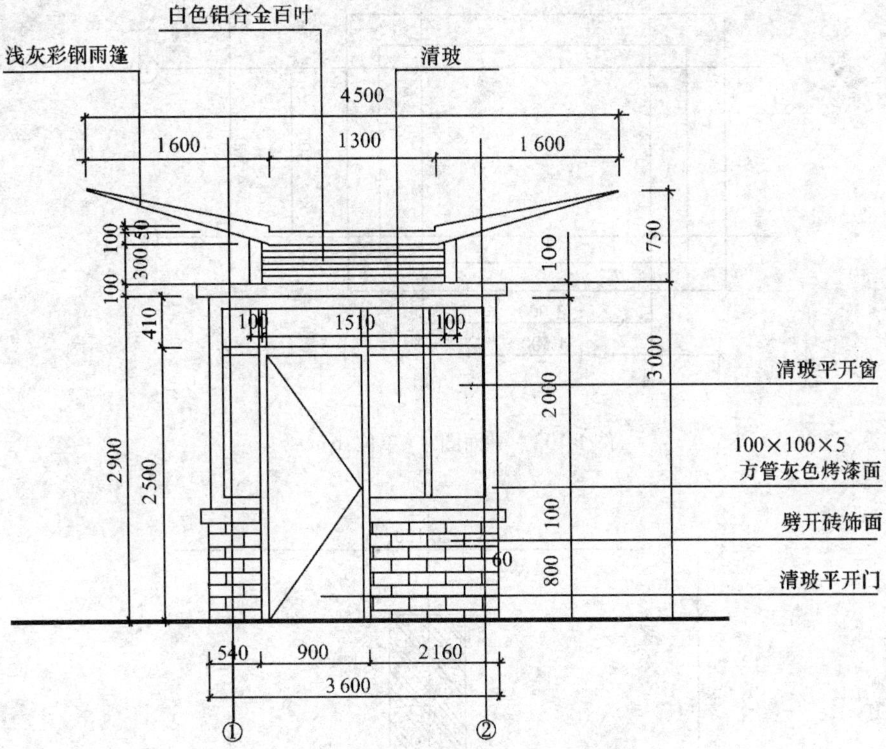

图 1-100　传达室立面图　（单位：mm）

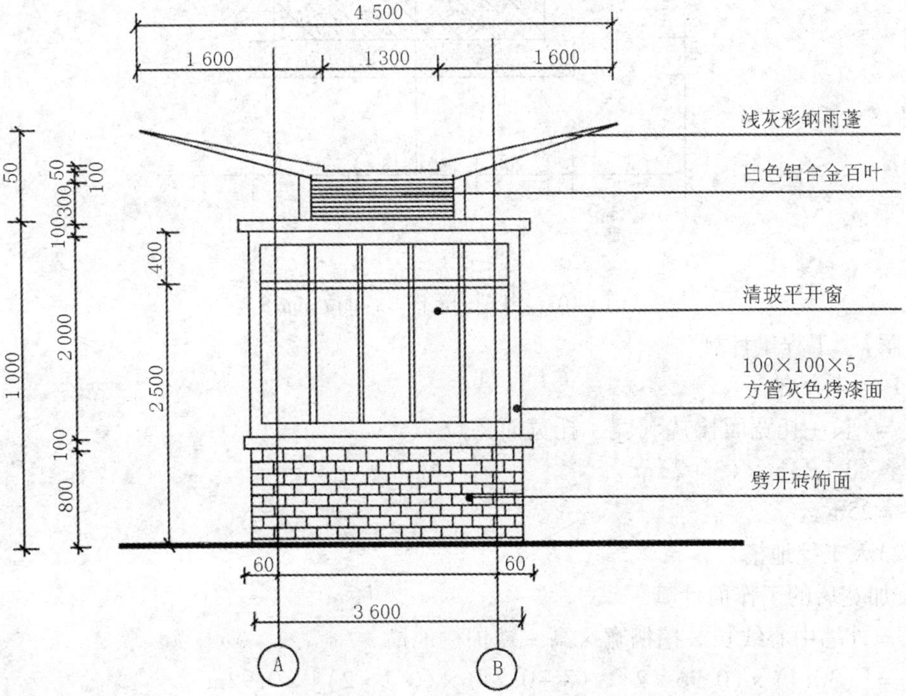

图 1-101　侧立面图　（单位：mm）

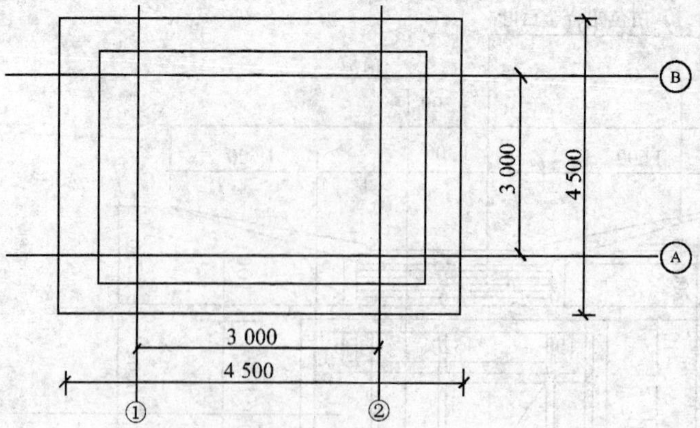

图 1-102　平面图　(单位:mm)

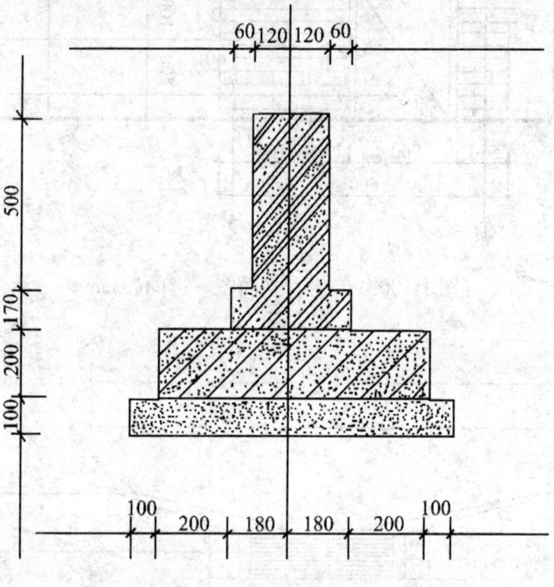

图 1-103　基础剖面图　(单位:mm)

【解】 工程量计算

(1)平整场地

S =(长+托宽面长)×(宽+托宽面宽)

=(3+2)m×(3+2)m

=25m²

(2)人工挖地槽

按加宽后的工作面计算

V =外墙中心线长×挖槽宽×高+铁护栏地槽

=[(3×4)×(0.96×2)+(3-0.24)×(0.2×2)]×0.92m³

=(23.04+1.104)×0.92m³

$=22.21\text{m}^3$

(3)基础垫层

V = 外墙中心线长 × 垫层断面 + 铁护拦垫层

$=[(3\times4)\times0.96\times0.1+(3-0.24)\times0.2\times0.1]\text{m}^3$

$=(1.152+0.0552)\text{m}^3$

$=1.21\text{m}^3$

(4)混凝土基础

V = 外墙中心线长 × 混凝土基础断面 + 铁护拦基础

$=[(3\times4)\times0.76\times0.2+(3-0.24)\times0.2\times0.2]\text{m}^3$

$=1.934\text{m}^3$

(5)砖基础

V = 外墙中心线长 × 墙宽 × 墙高 + 护拦墙长 × 墙宽 × 墙高

$=[3\times4\times(0.18\times2\times0.12+0.12\times2\times0.5)+(3-0.24)\times0.2\times0.62]\text{m}^3$

$=2.3\text{m}^3$

(6)回填土

V = 挖土量 × 系数

$=22.21\text{m}^3\times0.6$

$=13.33\text{m}^3$

(7)砌墙

V = 外墙中心线长 × 墙宽 × 墙高 + 护拦墙长 × 墙宽 × 墙高

$=[3\times4\times0.24\times0.8+(3-0.24)\times0.2\times0.8]\text{m}^3$

$=2.75\text{m}^3$

(8)混凝土压顶

V = 外墙中心线长 × 压顶断面

$=[(3.9-0.24-0.45)\times0.3\times0.06\times4]\text{m}^3$

$=0.231\text{m}^3$

(9)外檐贴劈开砖

S = 实贴面积 - 门所占面积 + 门侧壁

$=(3.6\times4\times0.8-0.9\times0.8\times2+0.12\times2\times0.8\times2)\text{m}^2$

$=10.46\text{m}^2$

(10)水泥砂浆抹压顶

S = 按实抹面积计算 $=3\times4\times0.22\text{m}^2=2.64\text{m}^2$

(11)真石漆压顶

S = 按实抹面积计算 $=3\times4\times0.22\text{m}^2=2.64\text{m}^2$

(12)方管架(100 × 100 × 5)

重 = 长 × 单位重量

$=(3.6\times4\times2-0.9\times2+2\times4+0.3\times4+1.51\times2+1.91\times2)\times15.7\text{kg}$

$=675.73\text{kg}$

(13)塑钢平开窗

$S=[3.6\times2\times4-0.9\times(2.5-0.8-0.1\times2)\times2]m^2$
$=(28.8-2.7)m^2$
$=26.1m^2$

(14)塑钢平开门

$S=2.5\times0.9\times2m^2=4.5m^2$

(15)屋面彩钢板

$S=3.9m\times3.9m=15.21m^2$

(16)白色铝合金百叶

$S=(1.51\times2\times0.3+1.91\times0.3)m^2=1.479m^2$

(17)彩钢雨篷

$S=$平面+挑起

$=[1.3\times4.5+\sqrt{1.6^2+(0.75-0.3)^2}\times4.5\times4]m^2$
$=(5.85+29.92)m^2$
$=35.77m^2$

(18)内墙面抹灰

$S=[(3-0.24)\times4\times0.8-0.9\times0.8\times2]m^2$
$=7.392m^2$

(19)铁护栏 30×30×4 方管焊接

重量=长×单位重量

$=[(2.9-0.8)\times(3-0.24)/0.25\times3.77]kg$
$=87.404kg$

(20)地面开挖

$V=(3-0.24)m\times(3-0.24)m\times0.35m$
$=2.67m^3$

(21)地面素土夯实

$V=(3-0.24)m\times(3-0.24)m\times0.15m$
$=1.14m^3$

(22)地面 3∶7 灰土

$V=(3-0.24)m\times(3-0.24)m\times0.15m$
$=1.14m^3$

(23)地面水泥砂浆面

$S=(3-0.24)m\times(3-0.24)m$
$=7.62m^2$

【例 43】 有一段园路,尺寸为 15m×3m,2∶8 灰土垫层 150mm 厚,C15 豆石。麻面混凝土路面 15cm 厚。

(1)经业主根据施工图计算:

园路:$15m\times3m=45m^2$,垫层:$45m^2\times0.15m=6.75m^3$

(2)投标人计算:

1)2∶8 灰土垫层,$6.75m^2$

①人工费：　　28.22 元/m^2 ×6.75m^3 =190.485 元

②材料费：　　14.84 元/m^2 ×6.75m^3 =100.17 元

③机械费：　　0.54 元/m^2 ×6.75m^3 =3.645 元

2)豆石麻面混凝土路面 15cm 厚

①人工费：　　8.08 元/m^2 ×45m^2 =363.6 元

②材料费：　　21.64 元/m^2 ×45m^2 =973.8 元

③机械费：　　0.06 元/m^2 ×45m^2 =2.7 元

3)豆石麻面混凝土路面增 3 个

①人工费：　　0.57 元/m^2 ×45m^2 ×3 =79.95 元

②材料费：　　1.78 元/m^2 ×45m^2 ×3 =240.3 元

③机械费:无

4)综合

①直接费合计:1 954.65 元,其中人工费 634.035 元

②管理费：　　634.035 元 ×38% =240.933 元

③利润：　　(634.035 ×19% +1954.65)元 ×7% =145.258 元

④总计：　　1 954.65 元 +240.933 元 +145.258 元 =2 340.841 元

⑤综合单价：　　2 340.841 元 ÷45m^2 =52.019 元/m^2

表 1-40　分部分项工程量清单计价表

工程名称:园路桥工程　　　　第　页　共　页

序号	定额编号	项目名称	计量单位	工程数量	金额/元	
					综合单价	合价
1	050201001001	园路 2:8 灰土垫层 150mm 厚 3m 宽 豆石麻面混凝土路面 150mm 厚 3m 宽 C15 豆石混凝土	m^2	45	52.019	2 340.841
		合　计				2 340.841

表 1-41　分部分项工程量清单综合单价计算表

工程名称:园路桥工程　　　　计量单位:m^2

项目编码:050201001001　　　　工程数量:45

项目名称:　　　　园路综合单价:52.019 元

序号	定额编号	工　程　内　容	单位	数量	其　中　(元)					
					人工费	材料费	机械费	管理费	利润	小计
1	10-2-2	2:8 灰土垫层	m^3	6.75	190.485	100.17	3.645			
	10-2-7	豆石麻面混凝土路面 120mm	m^2	45	363.6	973.8	2.7			
	10-2-8	豆石麻面混凝土路面增 3 个	m^2	45	79.95	240.3				
		合　　计			634.035	1314.27	6.345	240.933	145.258	2340.841

第二章　综合计算实例

第一节　综合实例(1)

一、绿化工程

某广场(图 2-1 ~ 图 2-14)。

序号 1:

项目编码　050101006001

项目名称　整理场地,普坚土

【解】 $S = 1102m^2$ [根据设计图纸(图 2-1)尺寸得出]

序号 2:

项目编码　050102001001

项目名称　栽植乔木,合欢,高 1.5 ~ 1.6m,土球苗木

【解】 6 株 (根据设计图示数量计算,如图 2-1 所示)

序号 3:

项目编码　050102001002

项目名称　栽植乔木,龙爪槐,高 1.2 ~ 1.7m,土球苗木

【解】 5 株 (根据设计图示数量计算,如图 2-1 所示)

序号 4:

项目编码　050102001003

项目名称　栽植乔木,白玉兰,高 1.5 ~ 1.8m,露根乔木

【解】 28 株 (根据设计图示数量计算,如图 2-1 所示)

序号 5:

项目编码　050102001004

项目名称　栽植乔木,国槐,高 1.4 ~ 1.7m,土球苗木

【解】 6 株 (根据设计图示数量计算,如图 2-1 所示)

序号 6:

项目编码　050102004001

项目名称　栽植灌木,紫薇,高 1 ~ 1.3m,露根灌木

【解】 16 株 (按设计图示数量计算,如图 2-1 所示)

序号 7:

项目编码　050102004002

项目名称　栽植灌木,迎春,高 1.2 ~ 1.5m,露根灌木

【解】 3 株丛 (按设计图示数量计算,如图 2-1 所示)共计 $22m^2$

序号 8:

项目编码　050102004003

项目名称　栽植灌木，紫叶小檗，高0.6～0.8m，露根灌木，群栽

【解】　每个花坛长5m，宽0.8m，共4个（由设计图得出，如图2-1所示）

故　$S = 5 \times 0.8 \times 4\text{m}^2 = 16\text{m}^2$，每$\text{m}^2$约16株，共计16×16株=256株

序号9：

项目编码　050102007001

项目名称　栽植色带，紫花酢酱草，高0.2～0.3m

【解】　由设计图可知，色带共有4条，每条色带图如图2-2所示，则

单条色带：$S = 8 \times 1 + \pi r^2 = [8 + 3.14 \times (0.5)^2]\text{m}^2 = 8.785\text{m}^2$

共计　$8.785 \times 4\text{m}^2 = 35.14\text{m}^2$

序号10：

项目编码　050102008001

项目名称　栽植花卉，月季，二年生，露地花卉

【解】　如图2-3所示为平面图中的一个花坛，主要种植各色二年生月季，采用估算，虽是叠形花坛，但整体来看约种植了一个半径2.5m的圆形花坛，$S = 2\pi r^2 = 2 \times 3.14 \times (2.5)^2\text{m}^2 = 39.25\text{m}^2$

由于每平方米约9株，故而总株数为39.25×9株=353.25株≈353株，在实际施工中根据实际种植数量算。

序号11：

项目编码　050102010001

项目名称　铺种草皮，野牛草，草皮

【解】　在实际施工中根据实际计算，而在此则根据设计图示尺寸以面积计算，已知草皮面积占整个广场面积的47%。

根据比例尺及图上距离求出此广场长约38m，宽约29m，则铺种草皮面积$S = 38 \times 29 \times 47\%\text{m}^2 = 517.94\text{m}^2$

序号12：

项目编码　0501020050001

项目名称　栽植绿篱，金叶女贞，篱高0.5～0.6m，共2行，分别为主入口处一行，次入口处一行。

【解】　如图2-4所示，绿篱分别位于次入口和主入口处的两行，根据工程量清单项目及计算规则，需按设计图示以长度计算，则有

$$L = (10.6 + 8.6 + 7.6)\text{m} = 26.8\text{m}$$

二、园路、假山工程

序号13：

项目编码：050201001001

项目名称：园路，150mm厚3∶7灰土垫层，100mm厚碎石层，20mm厚混凝土垫层，厚30mm的花岗石地面。

【解】　如图2-5所示，为园路的局部断面示意图，其中：

(1)园路面积

$S = 367.33\text{m}^2$（由设计图纸得知）那么有

挖土方(序号 14 项目编码)

$$V=367.33\times(0.15+0.1+0.02)\,m^3=99.1791m^3$$

(2)素土夯实

$$V=367.33\times0.15m^3=55.0995m^3$$

(3)3∶7 灰土垫层(序号 15 项目编码)

$$V=367.33\times0.15m^3=55.0995m^3$$

(4)碎石层 (序号 16 项目编码)

$$V=367.33\times0.1m^3=36.733m^3$$

(5)混凝土层 (序号 17 项目编码)

$$V=367.33\times0.02m^3=7.3466m^3$$

(6)花岗岩铺装 (序号 18 项目编码)

$$S=367.33m^3$$

序号 14

项目编码:050201002001

项目名称:路牙铺设,150mm 厚 3: 7 灰土垫层,100mm 厚碎石层,20mm 厚混凝土垫层,花岗石。

【解】 如图 2-6 所示,为局部路牙断面示意图,路牙按设计图示尺寸以长度计算,由本设计图可知路牙长度 $L=102m$,则有:

(1)挖地槽

$$\begin{aligned}V&=102\times0.06\times2\times(0.02+0.1+0.15)\,m^3\\&=3.3048m^3\end{aligned}$$

(2)素土夯实

$$\begin{aligned}V&=102\times0.12\times0.15m^3\\&=1.836m^3\end{aligned}$$

(3)3∶7 灰土垫层

$$\begin{aligned}V&=102\times0.12\times0.15m^3\\&=1.836m^3\end{aligned}$$

(4)碎石层

$$V=102\times0.12\times0.1m^3=1.224m^3$$

(5)混凝土

$$V=102\times0.12\times0.02m^3=0.2448m^3$$

(6)路牙侧石安装

$$L=102m$$

三、园林景观工程

序号 15:

项目编码 050202005001

项目名称 点风景石,1 块,湖石,2.2t/m³。

【解】 如图 2-7 所示为景石的示意图,各尺寸如图所示。

(1)基础

1)挖地坑

$$V=4.2\times2.2\times(0.025+0.1+0.15)\text{m}^3=2.541\text{m}^3$$

2)素土夯实

$$V=4.2\times2.2\times0.15\text{m}^3=1.386\text{m}^3$$

3)150mm 厚 3∶7 灰土

$$V=4.2\times2.2\times0.15\text{m}^3=1.386\text{m}^3$$

4)100mm 厚碎石层

$$V=4.2\times2.2\times0.1\text{m}^3=0.924\text{m}^3$$

5)25mm 厚素混凝土

$$V=4.2\times2.2\times0.025\text{m}^3=0.231\text{m}^3$$

(2)砖砌台座(240 砖墙)

$$\begin{aligned}V&=[4\times0.24\times2\times0.7+(2-0.24\times2)\times0.24\times2\times0.7]\text{m}^3\\&=(1.344+0.511)\text{m}^3\\&=1.855\text{m}^3\end{aligned}$$

(3)台座上的混凝土边沿

$$\begin{aligned}V&=[(4+0.1\times2)\times0.1\times2\times0.055+2\times0.1\times2\times0.055]\text{m}^3\\&=(0.0462+0.022)\text{m}^3\\&=0.0682\text{m}^3\end{aligned}$$

(4)景石

$$\begin{aligned}W_{单}&=L\cdot B\cdot H\cdot R\\&=3.1\times2.2\times3.7\times2.2\text{t}\\&=55.5148\text{t}\end{aligned}$$

式中 $W_{单}$——山石单体重量,t;

L——长度方向的平均值,m;

B——宽度方向的平均值,m;

H——高度方向的平均值,m;

R——石料比重(湖石为 2.2t/m^3)。

(5)砖墙外抹水泥砂浆

$$S=(4\times0.7\times2+2\times0.7\times2)\text{m}^2=8.4\text{m}^2$$

序号 16:

项目编码 050306

项目名称 叠形花坛

【解】 如图 2-8 所示,分步求出工程量(花坛平面图如图 2-3 所示)由总平面图(图2-1)知,叠形花坛共有 2 个。

(1)基础

1)挖地坑

$$V=2\pi r^2h=2\times3.14\times2.5^2\times0.28\text{m}^3=10.99\text{m}^3$$

2)素土夯实

$$V=2\pi r^2h=2\times3.14\times2.5^2\times0.15\text{m}^3=5.8875\text{m}^3$$

3)3∶7 灰土

$$V = 2\pi r^2 h = 2 \times 3.14 \times 2.5^2 \times 0.15\text{m}^3 = 5.8875\text{m}^3$$

4)碎石层

$$V = 2\pi r^2 h = 2 \times 3.14 \times (2.5)^2 \times 0.1\text{m}^3 = 3.925\text{m}^3$$

5)C10 混凝土

$$V = 2\pi r^2 h = 2 \times 3.14 \times (2.5)^2 \times 0.03\text{m}^3 = 1.1775\text{m}^3$$

(2)砌墙(240 砖墙)

1)底层砌墙:

$$V = [3.14 \times (2.5)^2 - 3.14 \times (2.5 - 0.24)^2] \times 0.65\text{m}^3 = 2.332\text{m}^3$$

2)上层砌墙

$$\begin{aligned} V &= [3.14 \times 2^2 - 3.14 \times (2 - 0.24)^2] \times 0.5\text{m}^3 \\ &= (12.56 - 9.73) \times 0.5\text{m}^3 \\ &= 1.415\text{m}^3 \end{aligned}$$

总计:2 个叠形花坛砌墙$(2.332 + 1.415) \times 2\text{m}^3 = 7.47\text{m}^3$

(3)花坛边沿(现浇混凝土)

1)底层边沿

$$\begin{aligned} V &= [3.14 \times (2.54)^2 - 3.14 \times (2.5 - 0.24)^2] \times 0.05\text{m}^3 \\ &= (20.258 - 16.038) \times 0.05\text{m}^3 \\ &= 0.211\text{m}^3 \end{aligned}$$

2)上层边沿

$$\begin{aligned} V &= [3.14 \times (2.25)^2 - 3.14 \times (2 - 0.24)^2] \times 0.05\text{m}^3 \\ &= (15.8963 - 9.7265) \times 0.05\text{m}^3 \\ &= 0.3085\text{m}^3 \end{aligned}$$

总计:2 个叠形花坛边沿现浇混凝土$(0.211 + 0.3085) \times 2\text{m}^3 = 1.039\text{m}^3$

(4)砖砌墙外抹水泥沙浆

$$\begin{aligned} S &= (2 \times 3.14 \times 2.5 \times 0.65 + 2 \times 3.14 \times 2 \times 0.5) \times 2\text{m}^2 \\ &= (10.205 + 6.28) \times 2\text{m}^2 \\ &= 32.97\text{m}^2 \end{aligned}$$

(总计为 2 个叠形花坛,故而要乘以 2)

序号 17:

项目编码:050304006001

项目名称:石凳,现浇混凝土

【解】 如图 2-9 所示尺寸进行计算。

(1)基础

1)挖地槽

单个:$V = 2.5 \times 0.4 \times 0.17\text{m}^3 = 0.17\text{m}^3$ 4 个:$0.17 \times 4\text{m}^3 = 0.68\text{m}^3$

2)素土夯实

$$V = 4 \times 2.5 \times 0.4 \times 0.15\text{m}^3 = 0.6\text{m}^3$$

3)3:7 灰土

$$V = 4 \times 2.5 \times 0.4 \times 0.15\text{m}^3 = 0.6\text{m}^3$$

4)混凝土层

$$V=4\times2.5\times0.4\times0.02m^3=0.08m^3$$

(2)现浇混凝土凳腿

$$V=0.4\times0.2\times0.45\times8m^3=0.288m^3$$

(3)现浇混凝土凳面

$$V=2.5\times0.4\times0.08\times4m^3=0.32m^3$$

序号 18:

项目编码 050201003001

项目名称 树池围牙

【解】 如图 2-10 所示进行计算,共有 6 个树池。

(1)基础

1)挖地槽 $V=[0.8\times0.12\times(0.015+0.1)\times2+(0.8+0.24)\times0.12\times(0.015+0.1)\times2]\times6m^3$

$=0.305m^3$

2)素土夯实 $V=[0.8\times0.12\times0.15\times2+(0.8+0.24)\times0.12\times0.15\times2]\times6m^3$

$=0.3974m^3$

3)3∶7 灰土 $V=[0.8\times0.12\times0.1\times2+(0.8+0.24)\times0.12\times0.1\times2]\times6m^3$

$=0.265m^3$

4)混凝土面层 $V=[0.8\times0.12\times0.015\times2+(0.8+0.24)\times0.12\times0.015\times2]\times6m^3$

$=0.3974m^3$

(2)现浇混凝土围牙

$$V=[0.12\times(0.8+0.24)\times0.15\times2+0.8\times0.12\times0.15\times2]\times6m^3$$

$$=0.3974m^3$$

序号 19:

项目编码 050305

项目名称 喷泉

【解】 如图 2-11 所示进行计算。

(1)平整场地(已包括在整理绿化地里面)

(2)挖土方

1)泵坑

$$V=\pi r^2h=3.14\times(1.94/2)^2\times(0.02+0.82+0.04\times2+0.15)m^3$$

$$=3.16m^3$$

2)喷水池

挖方宽 $=(0.4+0.17\times2+0.02\times2)m=0.78m$

挖方厚 $=(0.65+0.02+0.17+0.04\times2+0.15)m=1.07m$

$$V=(18.84\times0.78+10.68\times0.78)\times1.07m=24.64m^3$$

(3)素土夯实

1)泵坑 $V=\pi r^2h=3.14\times(0.97)^2\times0.15m^3$

$=0.443m^3$

2)喷水池

$$V=(18.84\times0.78\times0.15+10.68\times0.78\times0.15)\text{m}^3=3.454\text{m}^3$$

(4)基础

1)泵坑

① 3∶7 灰土　$V=3.14\times(0.97)^2\times0.15\text{m}^3=0.443\text{m}^3$

② 40mm 厚防水层　$V=3.14\times(0.97)^2\times0.04\text{m}^3=0.118\text{m}^3$

③ 40mm 厚 C_{10}混凝土　$V=3.14\times(0.97)^2\times0.04\text{m}^3=0.118\text{m}^3$

④ 150mm 厚钢筋混凝土　$V=3.14\times(0.97)^2\times0.15\text{m}^3=0.443\text{m}^3$

2)喷水池

① 3∶7 灰土　$V=(0.78\times18.84\times0.15+10.68\times0.78\times0.15)\text{m}^3=3.454\text{m}^3$

② 40mm 厚防水层　$V=(0.78\times18.84\times0.04+10.68\times0.78\times0.04)\text{m}^3=0.92\text{m}^3$

③ 40mm 厚 C10 混凝土　$V=(0.78\times18.84\times0.04+10.68\times0.78\times0.04)\text{m}^3=0.92\text{m}^3$

④ 170mm 厚钢筋混凝土

$$V=(0.78\times18.84\times0.17+10.68\times0.78\times0.17)\text{m}^3=3.914\text{m}^3$$

(5)泵坑

1)150mm 厚钢筋混凝土

高度　$h=(0.82-0.15)\text{m}=0.67\text{m}$

$$S=[3.14\times(0.8+0.02+0.15)^2-3.14\times(0.8+0.02)^2]\text{m}^2$$
$$=0.843\text{m}^2$$

$$V_{侧壁}=S\cdot h=0.843\times0.67\text{m}^3=0.565\text{m}^3$$

$$V_{底壁}=3.14\times0.97^2\times0.15=0.443\text{m}^3$$

$$V_{总}=0.565+0.443=1.008\text{m}^3$$

2)20mm 厚防水层

$$S=S\cdot h=[3.14\times(0.82)^2\text{m}^2-3.14\times(0.8)^2]\text{m}^2=0.102\text{m}^2$$

$$V_{侧壁}=S\cdot h=0.102\times(0.82-0.02-0.15)\text{m}^3=0.0663\text{m}^3$$

$$V_{底壁}=\left(\frac{1.94-0.15\times2}{2}\right)^2\times3.14\times0.02\text{m}^3=0.042\text{m}^3$$

$$V_{总}=(0.0663+0.042)\text{m}^3=0.1083\text{m}^3$$

(6)喷水池

1)170mm 厚钢筋混凝土

$$V_{侧壁}=[0.17\times18.84\times(0.65+0.02)+0.17\times10.68\times(0.65+0.02)]\text{m}^3$$
$$=3.362\text{m}^3$$

$$V_{底壁}=0.17\times(18.84\times0.78+10.68\times0.78)=3.914\text{m}^3$$

$$V_{总}=3.362+3.914=7.276\text{m}^3$$

2)20mm 厚防水层

$$V_{侧壁}=[0.02\times18.84\times(0.65+0.02)+0.02\times10.68\times(0.65+0.02)]\text{m}^3$$
$$=0.396\text{m}^3$$

$$V_{底壁}=0.78\times0.02\times(18.84+10.68)\text{m}^3=0.461\text{m}^3$$

$$V_{总}=(0.396+0.461)\text{m}^3=0.857\text{m}^3$$

(7)不锈钢箅子

1)泵坑　$S=3.14\times\left(\frac{1.94}{2}\right)^2\text{m}^2=2.95\text{m}^2$

2)喷水池　$S=(0.4+0.17\times2+0.02\times2)\times(18.84+10.68)\text{m}^2$

$=23.0256\text{m}^2$

(8)防水砂浆

1)泵坑　$S=\pi r^2+2\pi rh$

$=[3.14\times(0.8)^2+2\times3.14\times0.8\times(0.82-0.02-0.15)]\text{m}^2$

$=5.2752\text{m}^2$

2)喷水池　$S=[0.4\times(18.84+10.68)+18.84\times0.65+10.68\times0.65]\text{m}^2$

$=30.996\text{m}^2$

(9)喷泉广场周围条石

$$L=2\pi r=2\times3.14\times4.5\text{m}=28.26\text{m}$$

序号 20:

项目编码　050306

项目名称　模纹花坛,现浇混凝土

【解】　如图 2-12 所示,进行各项计算。

(1)挖地槽

$$V=(0.18+5.18)\times(0.8+0.18\times2)\times(0.1+0.03+0.02)\text{m}^3$$
$$=5.36\times1.16\times0.15\text{m}^3=0.933\text{m}^3$$

(2)基础垫层

1)素土夯实

$$V=(0.18+5.18)\times(0.8+0.18\times2)\times0.15\text{m}^3$$
$$=5.36\times1.16\times0.15\text{m}^3=0.933\text{m}^3$$

2)100mm 厚 3∶7 灰土

$$V=(0.18+5.18)\times(0.8+0.18\times2)\times0.1\text{m}^3=0.622\text{m}^3$$

3)30mm 厚碎石层

$$V=(0.18+5.18)\times(0.8+0.18\times2)\times0.03\text{m}^3=0.1865\text{m}^3$$

4)20mm 厚素混凝土

$$V=(0.18+5.18)\times(0.8+0.18\times2)\times0.02\text{m}^3=0.1244\text{m}^3$$

(3)现浇混凝土花坛

$$V=[(5.180+0.18-0.03\times2)\times(0.18-0.03)\times0.25\times2+0.15\times0.8\times0.25\times2+(5.18+0.18)\times0.18\times0.07\times2+0.8\times0.18\times2\times0.07]\text{m}^3$$
$$=0.6127\text{m}^3$$

序号 21:

项目编码　010404

项目名称　景墙,现浇混凝土,有漏窗,大理石面

【解】　如图 2-13 所示,依据图示进行计算。

(1)挖地槽

$$V=8\times0.8\times0.555\text{m}^3=3.552\text{m}^3$$

(2)素土夯实

$$V=8\times0.8\times0.15\text{m}^3=0.96\text{m}^3$$

(3)基础垫层

1)100 厚 3∶7 灰土

$$V=8\times0.8\times0.1\text{m}^3=0.64\text{m}^3$$

2)150 厚碎石层

$$V=(8-0.1\times2)\times0.8\times0.15\text{m}^3=0.936\text{m}^3$$

3)250 厚钢筋混凝土

$$V=[7.8\times0.8\times0.02+8\times0.8\times(0.25-0.02)]\text{m}^3=1.5968\text{m}^3$$

4)30 厚 C10 混凝土

$$V=8\times0.8\times0.03\text{m}^3=0.192\text{m}^3$$

5)25 厚 1∶3 白灰砂浆

$$V=8\times0.8\times0.025\text{m}^3=0.16\text{m}^3$$

(4)现浇混凝土景墙

$V=(8\times4.5-3.6)\times0.8\text{m}^3=25.92\text{m}^3$

(5)表面贴大理石

$$S=[(8\times4.5-3.6)\times2+4.5\times0.8\times2+8\times0.8]\text{m}^2=78.4\text{m}^2$$

序号 22:

项目编码 050303

项目名称 花架,现浇混凝土花架柱、梁,柱 6 根,高 2.7m。

【解】 如图 2-14 所示,根据图示尺寸进行计算。

(1)挖地坑(柱子)

$$V=0.95\times0.95\times0.22\times6\text{m}^3=1.1913\text{m}^3$$

(2)素土夯实

$$V=0.95\times0.95\times0.15\times6\text{m}^3=0.81225\text{m}^3$$

(3)柱子基础

1)30mm 厚 3∶7 灰土

单根 $V=0.95\times0.95\times0.03\text{m}^3=0.027\text{m}^3$

6 根 $V=6\times0.027\text{m}^3=0.162\text{m}^3$

2)20mm 厚碎石层

$$V=0.95\times0.95\times0.02\times6\text{m}^3=0.1083\text{m}^3$$

3)170mm 厚钢筋混凝土

$$\begin{aligned}V&=(0.75\times0.75\times0.12\times6+0.9\times0.9\times0.02\times6+0.6\times0.6\times0.03\times6)\text{m}^3\\&=(0.405+0.0972+0.0648)\text{m}^3\\&=0.567\text{m}^3\end{aligned}$$

(4)混凝土柱

$$V=0.6\times0.6\times2.7\times6\text{m}^3=5.832\text{m}^3$$

(5)混凝土梁

$$V=0.46\times0.4\times5.8\times2\text{m}^3=2.1344\text{m}^3$$

(梁要伸出柱子与柱面相平)

(6)混凝土檩

$$V=0.2\times2.4\times0.25\times8\text{m}^3=0.96\text{m}^3$$

(7)现浇混凝土长椅

$$V=0.6\times2\times0.1\times4\text{m}^3=0.48\text{m}^3$$

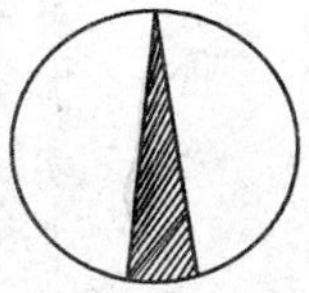

比例尺1：200

说明：

本广场设计主要采用规则对称式布局，供人们休闲娱乐之用，总、面积为1102m²，草皮面积占整个广场面积的47%。

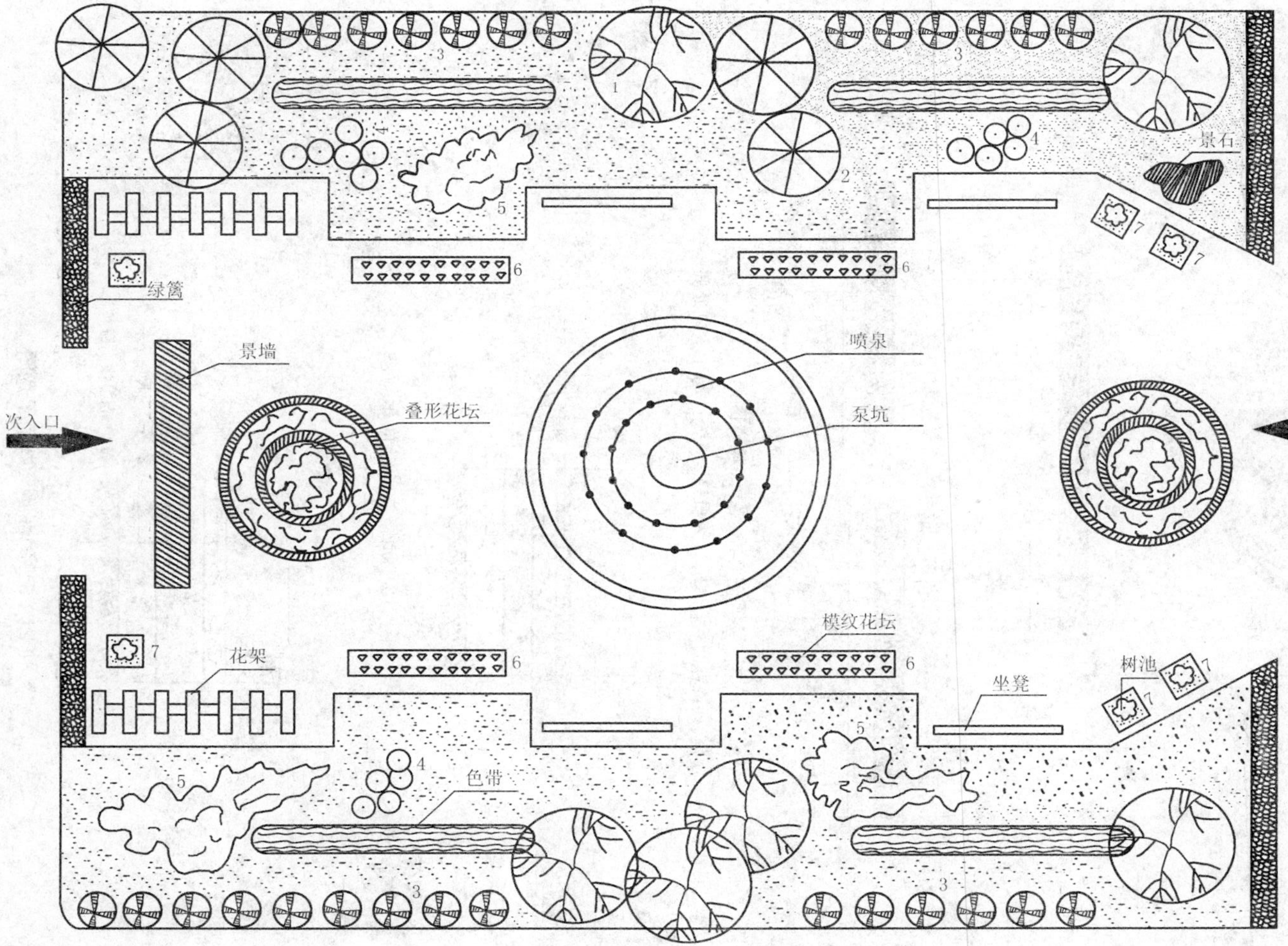

主要植物名称

序号	名称
1	合欢
2	龙爪槐
3	白玉兰
4	紫薇
5	迎春
6	紫叶小檗
7	国槐

图2-1　某广场平面示意图

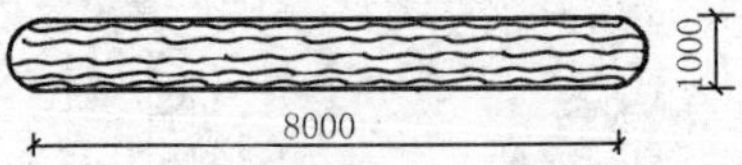

图 2-2　色带示意图

图 2-3　花坛平面示意图

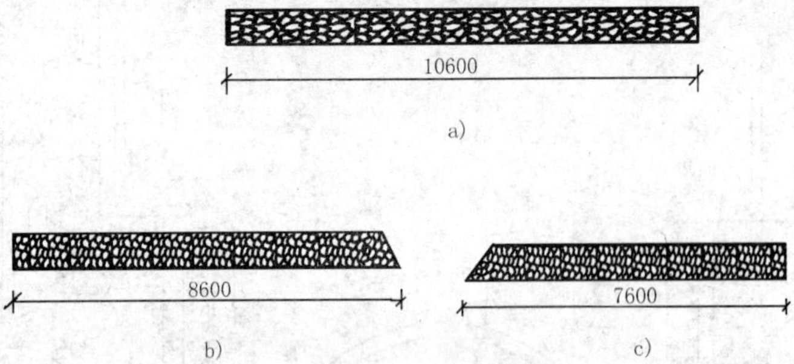

图 2-4　绿篱示意图

a)次入口处的一行　b)主入口处的一行　c)主入口处的一行

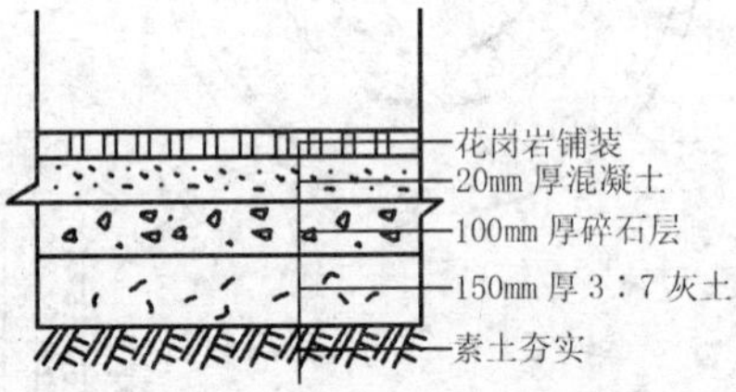

图 2-5　园路局部断面示意图

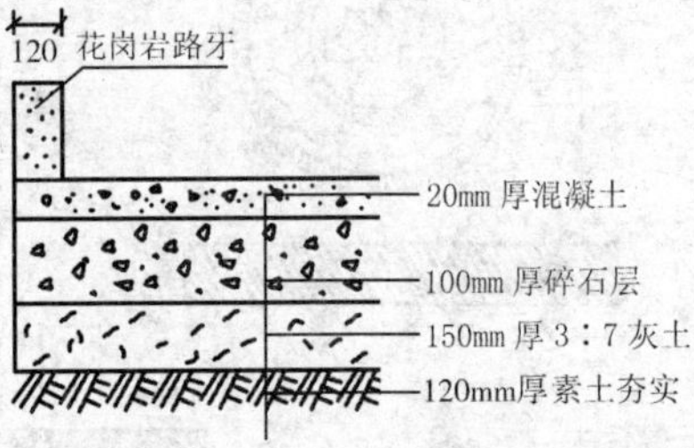

图 2-6　局部路牙断面示意图

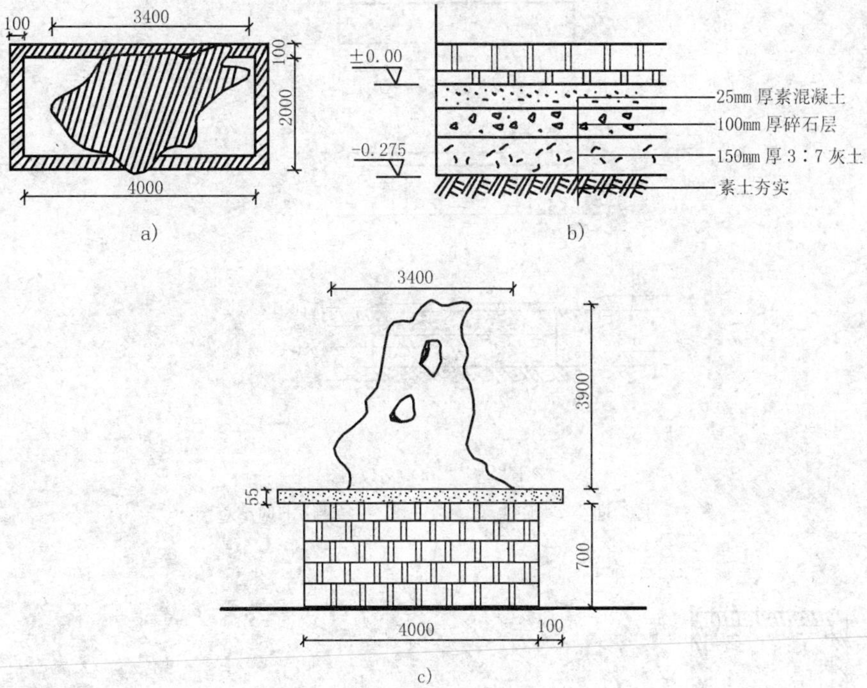

图 2-7　点风景石示意图

a)平面示意图　b)砖砌台座基础剖面示意图　c)立面示意图

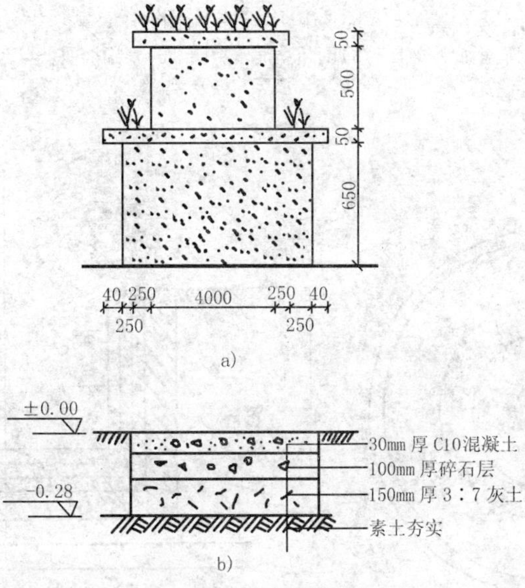

图 2-8　叠形花坛示意图

a)立面示意图　b)基础剖面示意图

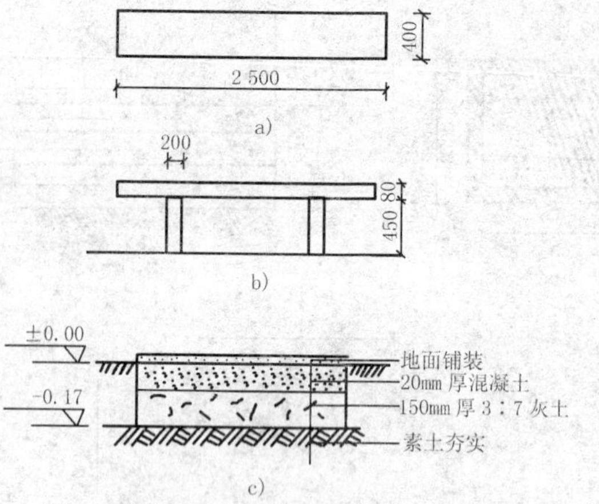

图 2-9　石凳示意图

a)平面示意图　b)立面示意图　c)基础剖面示意图

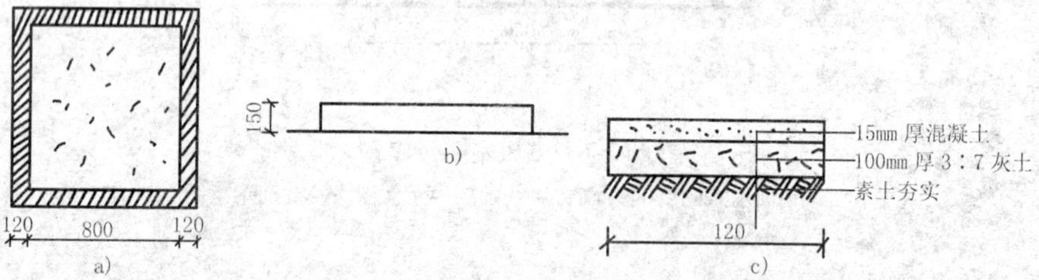

图 2-10　树池示意图

a)平面示意图　b)围牙立面示意图　c)基础剖面示意图

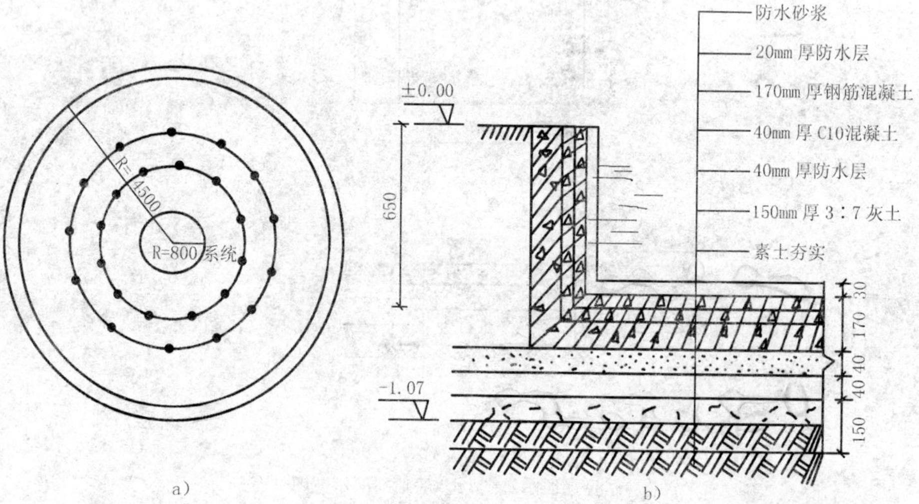

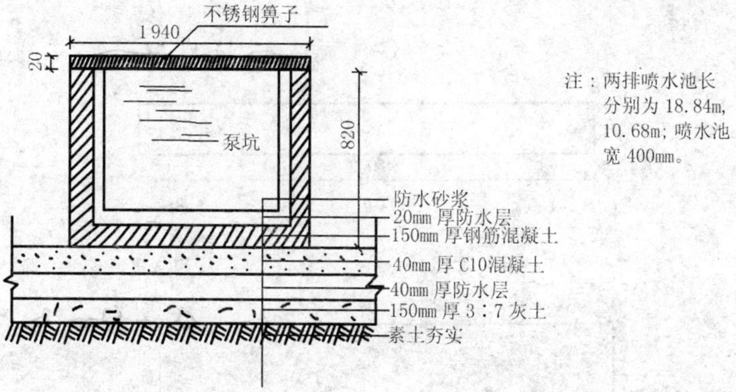

c)

图 2-11 喷泉有关示意图

a)平面示意图 b)喷池局部剖面示意图 c)泵坑剖面示意图

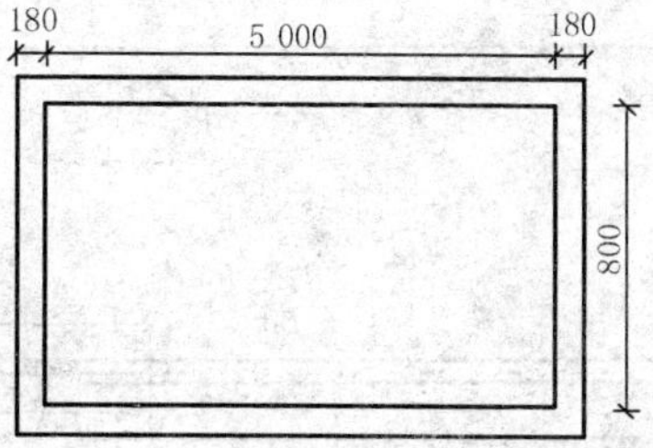

a)

b)

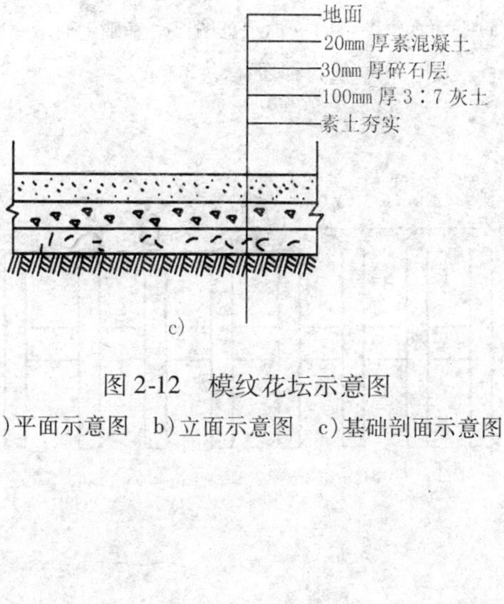

c)

图 2-12 模纹花坛示意图

a)平面示意图 b)立面示意图 c)基础剖面示意图

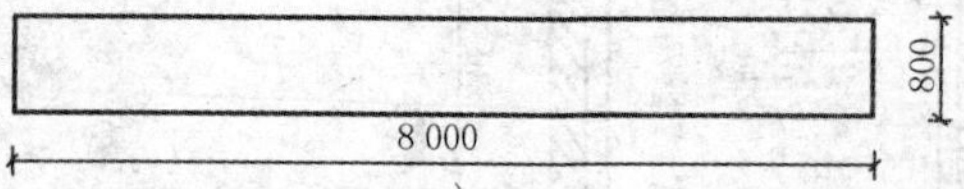

a)

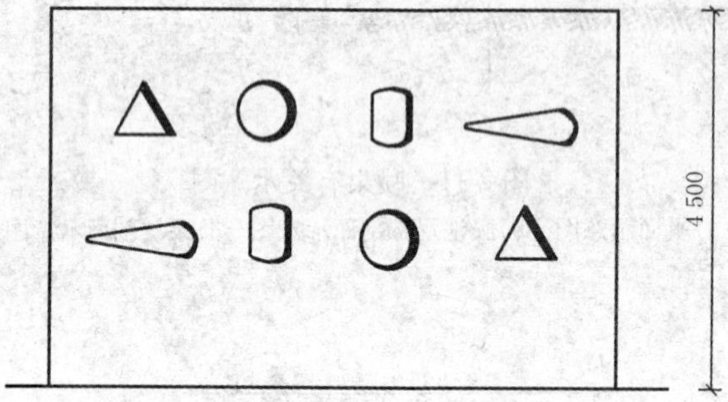

b)

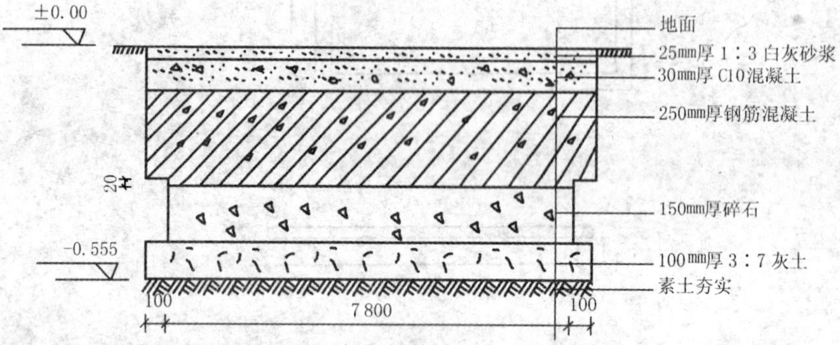

c)

图2-13　景墙示意图

a)平面示意图　b)立面示意图　c)基础剖面示意图

注:漏窗面积共3.6m²

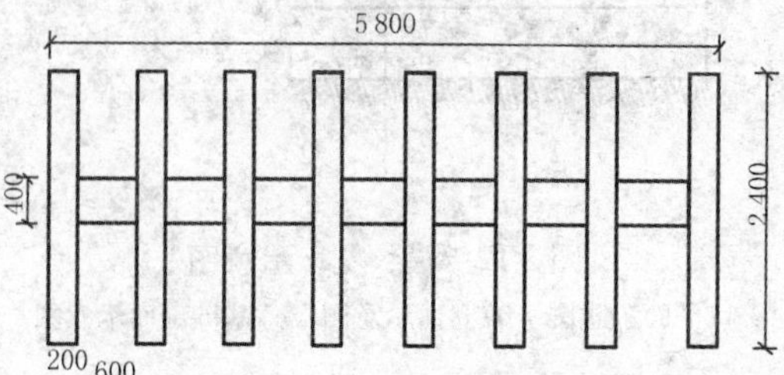

a)

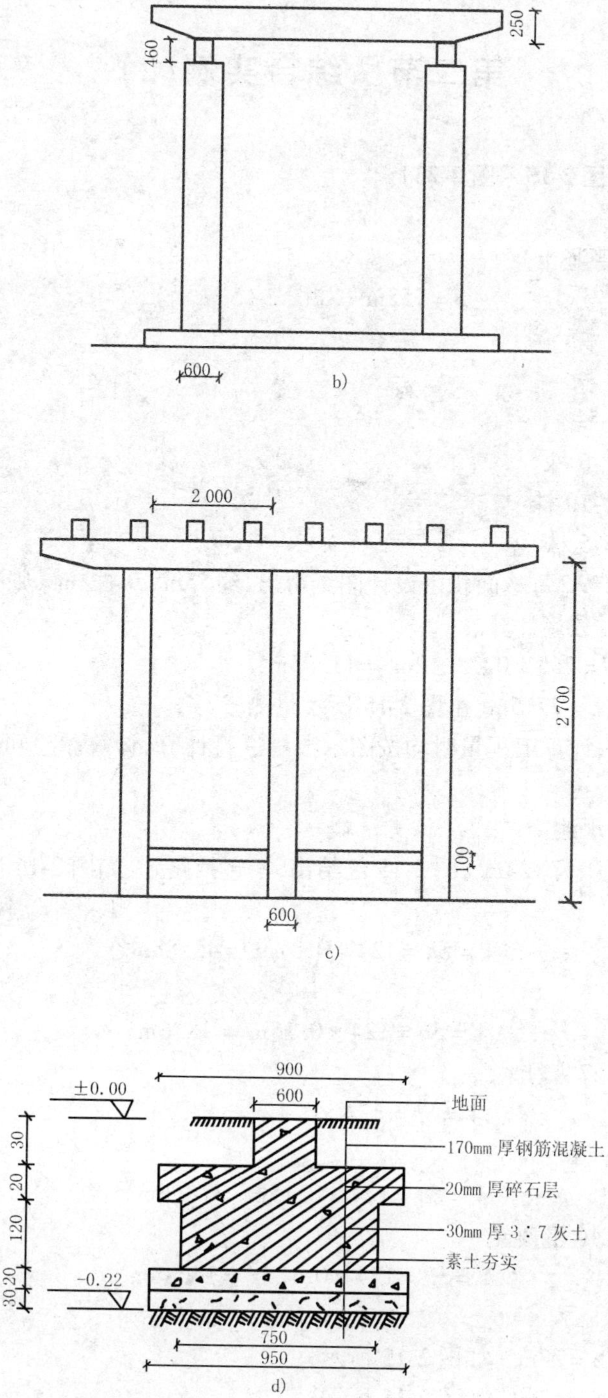

图 2-14　花架示意图

a）平面示意图　b）侧立面示意图

c）正立面示意图　d）柱子基础剖面示意图

注：a）图中花架梁尺寸画出了一根以示意图

b）图中长椅宽度与柱相同

第二节　综合实例(2)

滨河游园景观(图 2-15 ~ 图 2-23)。

【解】　一、栽植

(1)整理场地(普坚土)

$$S = 952m^2$$(如图 2-15 所示)

(2)栽植垂柳:8 株

(3)栽植合欢:5 株

(4)栽植国槐:1 株

(5)栽植白玉兰:6 株

(6)栽植海桐球:10 株

(7)栽植紫叶李:5 株

(8)栽植迎春:2 丛,每丛面积由设计图纸得出,约 $55m^2$,9 株/m^2,则共有约 495 株,在实际施工中根据竣工时数量计算。

(9)栽植色带:$S = 7.5 \times 0.75 \times 2m^2 = 11.25m^2$

(10)栽植绿篱:$L = 77.5m$(由图 2-15 所示量测)

注:栽植工程中,计算工程量时均按图示数量进行计算,计算单位可参看工程量清单计价规范。

二、园路、假山、水池

1. 园路(园路面积为 $124m^2$,图 2-15 已给出,不包括路牙,如图 2-16 所示)

(1)挖土方

$$V = Sh = 124 \times 0.37m^3 = 45.88m^3$$

(2)素土夯实

$$V = Sh = 124 \times 0.15m^3 = 18.6m^3$$

(3)100mm 厚 3∶7 灰土

$$V = Sh = 124 \times 0.1m^3 = 12.4m^3$$

(4)150mm 厚碎石

$$V = Sh = 124 \times 0.15m^3 = 18.6m^3$$

(5)120mm 厚 C10 混凝土

$$V = Sh = 124 \times 0.12m^3 = 14.88m^3$$

(6)园路铺装

①大理石路面:$S = 77m^2$(如图 2-15 所示)

②鹅卵石路面:$S = 47m^2$(如图 2-15 所示)

2. 路牙(如图 2-17 所示)

路牙长约 62m,这由设计图纸来决定。

(1)挖地槽

$$V = 0.1 \times 62 \times 0.37m^3 = 2.294m^3$$

(2)素土夯实

$$V=0.1\times 62\times 0.15\text{m}^3=0.93\text{m}^3$$

(3)100mm 厚 3∶7 灰土

$$V=0.1\times 62\times 0.1\text{m}^3=0.62\text{m}^3$$

(4)150mm 厚碎石

$$V=0.1\times 62\times 0.15\text{m}^3=0.93\text{m}^3$$

(5)120mm 厚 C10 混凝土

$$V=0.1\times 62\times 0.12\text{m}^3=0.744\text{m}^3$$

(6)混凝土路牙

$$V=0.1\times 0.17\times 62\text{m}=1.054\text{m}$$

3. 水池(如图 2-18 所示)

(1)基础

1)挖地沟

$$V=3.14\times(2.9)^2\times 0.4\text{m}^3=10.56\text{m}^3$$

2)素土夯实

$$V=3.14\times(2.9)^2\times 0.15\text{m}^3=3.96\text{m}^3$$

3)100mm 厚 3∶7 灰土

$$V=3.14\times(2.9)^2\times 0.1\text{m}^3=2.64\text{m}^3$$

4)150mm 厚钢筋混凝土

$$V=3.14\times(2.9)^2\times 0.15\text{m}^3=3.96\text{m}^3$$

5)80mm 厚混凝土

$$V=3.14\times(2.9)^2\times 0.08\text{m}^3=2.1126\text{m}^3$$

6)20mm 厚防水层

$$V=3.14\times(2.9)^2\times 0.02\text{m}^3=0.528\text{m}^3$$

7)50mm 厚水泥砂浆

$$V=3.14\times(2.9)^2\times 0.05\text{m}^3=1.32\text{m}^3$$

(2)池壁

1)底层水池:

① 50mm 厚现浇混凝土

$$V=[3.14\times(2.9)^2-3.14\times(2.9-0.05)^2]\times 0.8\text{m}^3=0.7222\text{m}^3$$

② 35mm 厚防水层

$$V=[3.14\times(2.85)^2-3.14\times(2.9-0.05-0.035)^2]\times 0.8\text{m}^3=0.498\text{m}^3$$

③ 80mm 厚钢筋混凝土

$$V=[3.14\times(2.9-0.05-0.035)^2-3.14\times(2.9-0.05-0.035-0.08)^2]\times 0.8\text{m}^3$$
$$=1.115\text{m}^3$$

④ 35mm 厚水泥砂浆

$$V=[3.14\times(2.9-0.05-0.035-0.08)^2-3.14\times(2.9-0.05-0.035-0.08-0.035)^2]\times 0.8\text{m}^3$$
$$=0.4778\text{m}^3$$

2)上层水池

① 50mm 厚现浇混凝土

$V=[3.14\times2^2-3.14\times(2-0.05)^2]\times1.3\mathrm{m}^3=0.806\mathrm{m}^3$

② 35mm 厚防水层

$V=[3.14\times(2-0.05)^2-3.14\times(2-0.05-0.035)^2]\times1.3\mathrm{m}^3=0.5522\mathrm{m}^3$

③ 80mm 厚钢筋混凝土

$V=[3.14\times(2-0.05-0.035)^2-3.14\times(2-0.05-0.035-0.08)^2]\times1.3\mathrm{m}^3$
$=1.2246\mathrm{m}^3$

④ 35mm 厚水泥砂浆

$V=[3.14\times(2-0.05-0.035-0.08)^2-3.14\times(2-0.05-0.035-0.08-0.035)^2]$
$\times1.3\mathrm{m}^3$
$=0.52\mathrm{m}^3$

(3)外饰面

1)底层水池：

$S=[2\times3.14\times2.9\times0.8+3.14\times(2.9)^2-3.14\times(2.7)^2]\mathrm{m}^2=18.0864\mathrm{m}^2$

2)上层水池：$S=[2\times3.14\times2\times1.3+3.14\times2^2-3.14\times(1.8)^2]\mathrm{m}^2=18.71\mathrm{m}^2$

4. 假山(用湖石堆砌石假山)

如图 2-19 所示进行计算。

(1)挖地坑

$$V=3.7\times5.1\times0.39\mathrm{m}^3=7.3593\mathrm{m}^3$$

(2)素土夯实

$$V=3.7\times5.1\times0.15\mathrm{m}^3=2.8305\mathrm{m}^3$$

(3)基础垫层

1)70mm 厚碎石

$$V=5.1\times3.7\times0.07\mathrm{m}^3=1.3209\mathrm{m}^3$$

2)100mm 厚混凝土

$$V=5.1\times3.7\times0.1\mathrm{m}^3=1.887\mathrm{m}^3$$

3)220mm 厚钢筋混凝土

$$V=5.1\times3.7\times0.17+5\times3.6\times0.05=4.1079\mathrm{m}^3\approx4.11\mathrm{m}^3$$

(4)假山工程量公式 $W=A\cdot H\cdot R\cdot k_n$

式中 W——石料重量,t;

A——假山平面轮廓的水平投影面积,m^2;

H——假山着地点至最高顶点的垂直距离,m;

R——石料相对密度:湖石 $2.2\mathrm{t/m}^3$,黄石 $2.6\mathrm{t/m}^3$;

k_n——折算系数:高度 2m 以内 $k_n=0.65$,高度 4m 以内 $k_n=0.56$(参看《工程量清单计价造价员培训教程——园林绿化工程》P_{121})

由图 2-19 可知,$A\approx18.87\mathrm{m}^2$ $H=3.8\mathrm{m}$ $R=2.2\mathrm{t/m}^3$(湖石)

$k_n=0.56$(因为本题高度在 4m 以内)

故 $W=18.87\times3.8\times2.2\times0.56\mathrm{t}=88.342$

三、园林景观工程

1. 坐凳(如图 2-20 所示)现浇混凝土

(1)挖地槽

$$V=2.1\times0.6\times0.24m^3\times2=0.3024m^3\times2=0.6048$$

(2)基础

1)素土夯实

$$V=2.1\times0.6\times0.15m^3\times2=0.189m^3\times2=0.378$$

2)200mm 厚碎砖三合土

$$V=2.1\times0.6\times0.2m^3\times2=0.252m^3\times2=0.504$$

3)40mm 厚 M2.5 混合砂浆

$$V=2.1\times0.6\times0.04m^3\times2=0.0504m^3\times2=0.1008$$

(3)现浇混凝土

$$V=(2.1\times0.6\times0.08+0.6\times0.15\times0.55\times2)\times2m^3=0.1998m^3\times2=0.3996$$

(4)表面抹水泥砂浆(包括内侧面)

$$S=[(2.1\times0.6+2.1\times0.6-0.6\times0.15\times2)+2.1\times0.08\times2+0.08\times0.6\times2+(0.6\times0.55\times2+0.15\times0.55\times2)\times2]\times2m^2$$

$$=4.422m^2\times2=8.844$$

2. 花钵(如图 2-15 所示)

用成品,共有 10 个(根据设计图 2-15 所示数量计算)。

3. 花坛(如图 2-21 所示)

(1)挖地坑

$$V=3.14\times(2.8)^2\times0.19m^3=4.6773m^3$$

(2)基础

1)素土夯实

$$V=[3.14\times(2.9-0.1)^2-3.14\times(2.65)^2]\times0.15m^3=0.385m^3$$

2)50mm 厚 3∶7 灰土

$$V=[3.14\times(2.8)^2-3.14\times(2.65)^2]\times0.05m^3=0.1283m^3$$

3)100mm 厚碎石层

$$V=[3.14\times(2.8)^2-3.14\times(2.65)^2]\times0.1m^3=0.2567m^3$$

4)40mm 厚混合砂浆

$$V=[3.14\times(2.8)^2-3.14\times(2.65)^2]\times0.04m^3=0.103m^3$$

分析:由于此花坛为圆形花坛,而半径 2.65m 以内为种植土,因此第一种做法在种植土下进行各种垫层是不正确的,而实际上只需要在花池的下方进行垫层即可,但是在挖土方时中间的部分,即半径在 2.65m 以内的部分是需要考虑的。

(3)现浇混凝土花池

$$V=[3.14\times(2.9-0.1)^2-3.14\times(2.65)^2]\times0.6m^3=1.54m^3$$

(4)花岗石压顶(边沿)

$$S=\text{中心线长}\times\text{宽}=2\times3.14\times2.775\times0.25m^2=4.36m^2$$

(5)回填种植土

$$V=\text{内圆面积}\times\text{高}\times\text{虚土折成松填土的系数}$$

$$=3.14\times(2.65)^2\times0.6\times1.25m^3=16.54m^3$$

4. 绿廊(如图 2-22 所示)

(1)柱基开挖

$$V=(0.3+0.15\times2+0.05\times2)\times(0.3+0.15\times2+0.05\times2)\times0.33\times14\text{m}^3$$
$$=2.2638\text{m}^3$$

(2)素土夯实

$$V=0.7\times0.7\times0.15\times14\text{m}^3=1.029\text{m}^3$$

(3)30mm 厚 3∶7 灰土

$$V=0.7\times0.7\times0.03\times14\text{m}^3=0.2058\text{m}^3$$

(4)50mm 厚碎石

$$V=0.7\times0.7\times0.05\times14\text{m}^3=0.343\text{m}^3$$

(5)(100+150)mm 厚钢筋混凝土

$$V=(0.6\times0.6\times0.1+0.3\times0.3\times0.15)\times14\text{m}^3=0.693\text{m}^3$$

(6)回填土

$$V=(2.2638-0.2058-0.343-0.693)\text{m}^3=1.022\text{m}^3$$

(7)混凝土柱

$$V=(0.3\times0.3\times3.5\times14+0.4\times0.4\times0.02\times14)\text{m}^3=4.4548\text{m}^3$$

(8)廊架

1)200×200×6 方管　$L=0.15\times14\text{m}=2.1\text{m}$

2)60×200×4 方管　$L=(0.3+4+0.3)\times7\text{m}=32.2\text{m}$

5. 蘑菇亭(如图 2-23 所示)

(1)挖土方

$$V=3\times3\times0.62\text{m}^3=5.58\text{m}^3$$

(2)素土夯实

$$V=3\times3\times0.15\text{m}^3=1.35\text{m}^3$$

(3)3∶7 灰土

$$V=3\times3\times0.15\text{m}^3=1.35\text{m}^3$$

(4)碎石

$$V=3\times3\times0.1\text{m}^3=0.9\text{m}^3$$

(5)钢筋混凝土基础

$$V=[(3-0.5)\times(3-0.5)\times0.2+0.5\times0.5\times0.17]\text{m}^3=1.2925\text{m}^3$$

(6)素混凝土台阶

$$V=3.0\times3\times0.25\text{m}^3=2.25\text{m}^3$$

(7)柱基回填土

$$V=(5.58-1.35-0.9-1.2925)\text{m}^3=2.0375\text{m}^3$$

(8)素混凝土圆凳

$$V=[3.14\times(0.8)^2-3.14\times(0.25)^2]\times0.2\text{m}^3=0.363\text{m}^3$$

(9)钢筋混凝土柱子

$$V=3.14\times(0.25)^2\times2.7\text{m}^3=0.53\text{m}^3$$

(10)混凝土屋面

$$V=[\frac{1}{3}\times3.14\times(1.5)^2\times0.5-\frac{1}{3}\times3.14\times(1.5-0.25)^2\times(0.5-0.25)+\frac{1}{3}\times3.14$$
$$\times(\frac{0.35}{2})^2\times0.3]\text{m}^3=(1.1775-0.409+0.0096)\text{m}^3=0.7781\text{m}^3$$

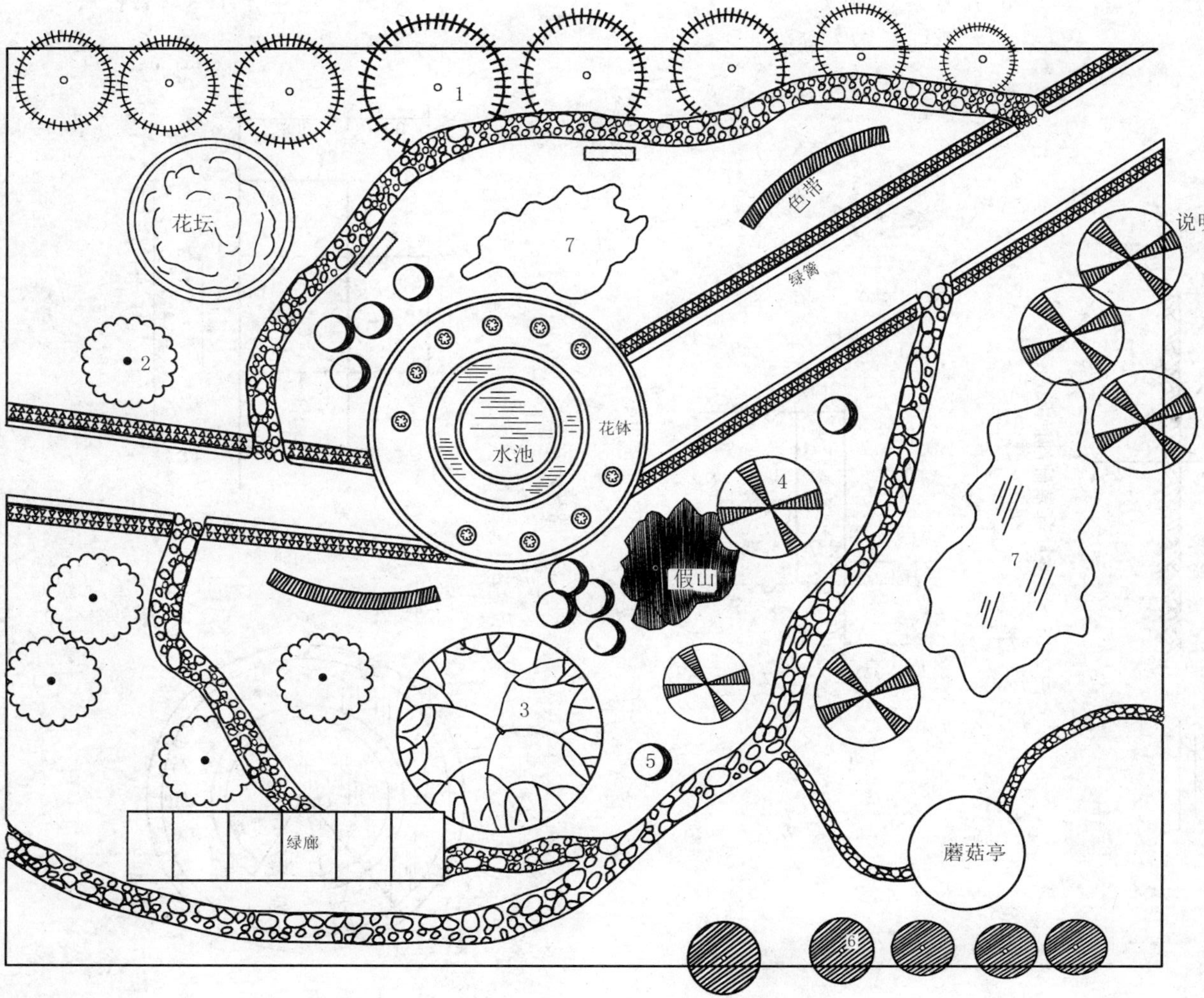

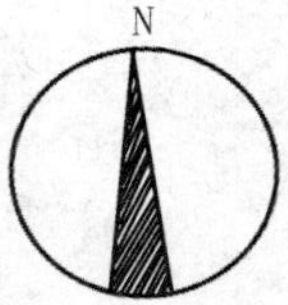

比例尺　1：250

说明：本图为滨河游园景观平面示意图，总面积为 952m²，园路总面积 124m²，其中大理石路面 77m²，鹅卵石路面 47m²。

植物名录表

序　号	名　称
1	垂　柳
2	合　欢
3	国　槐
4	白玉兰
5	海桐球
6	紫叶李
7	迎　春

图 2-15　滨河游园景观平面示意图

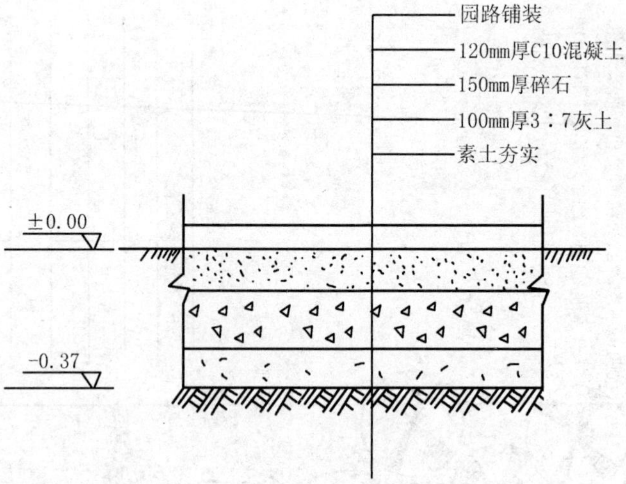

图 2-16　园路局部基础剖面示意图

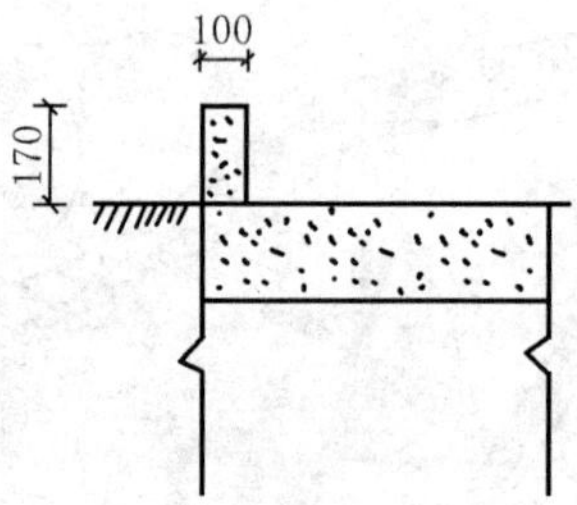

注：路牙基础垫层与图 2-16相同请参看

图 2-17　路牙示意图

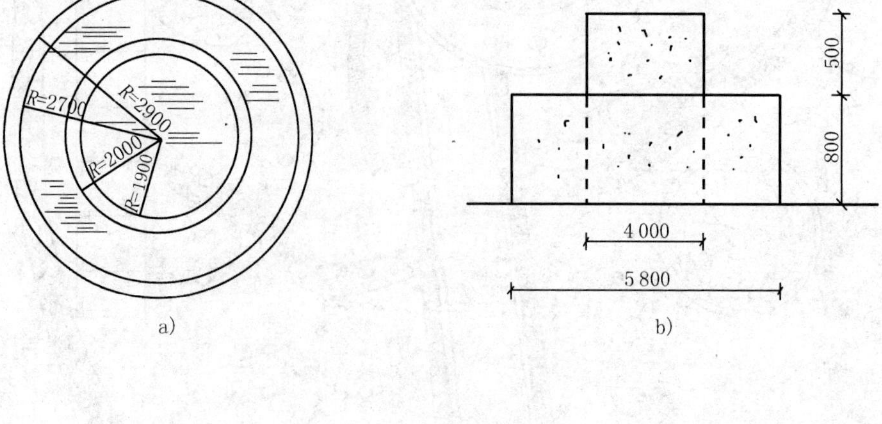

a)　　　　　　　　　　b)

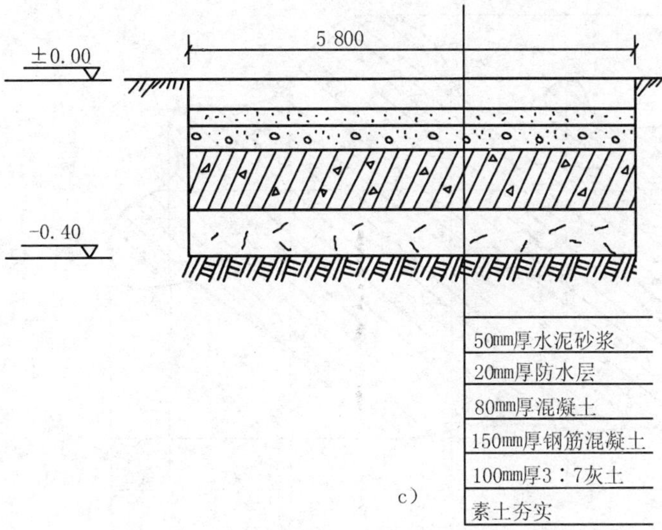

c）

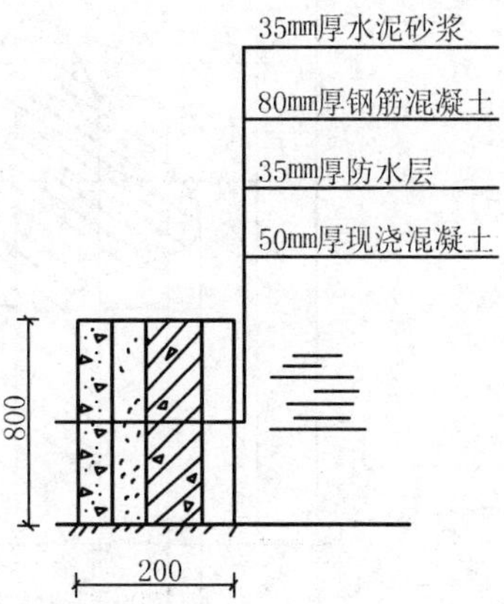

d）

图 2-18　水池示意图

a）平面示意图　b）立面示意图

c）基础示意图　d）底层水池局部池壁剖面示意图

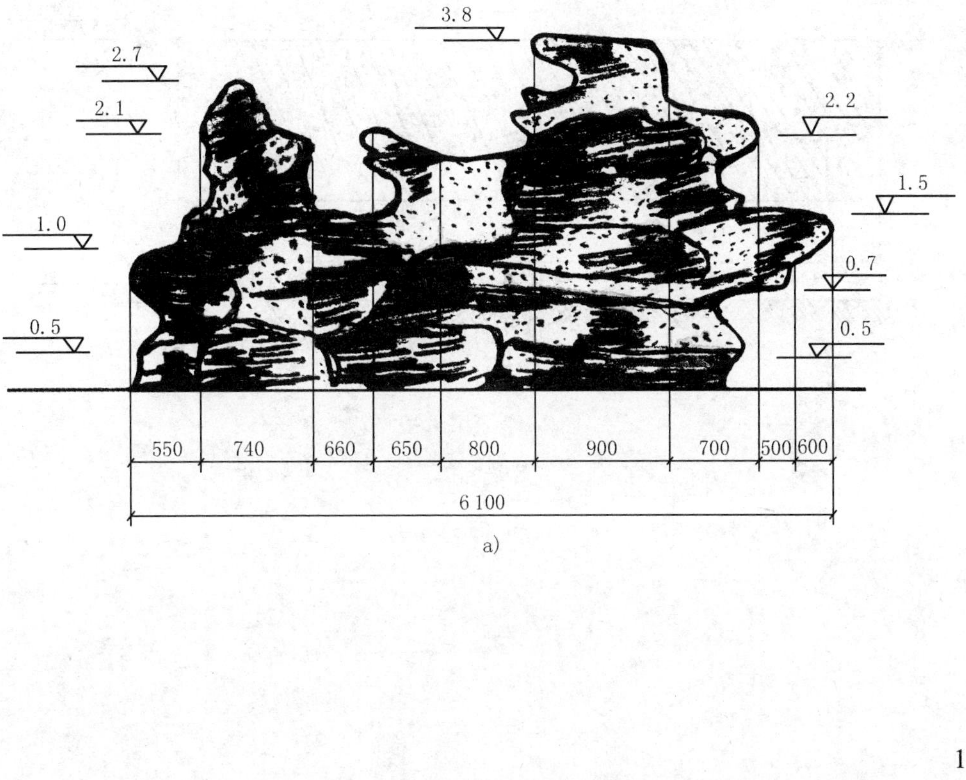

a）

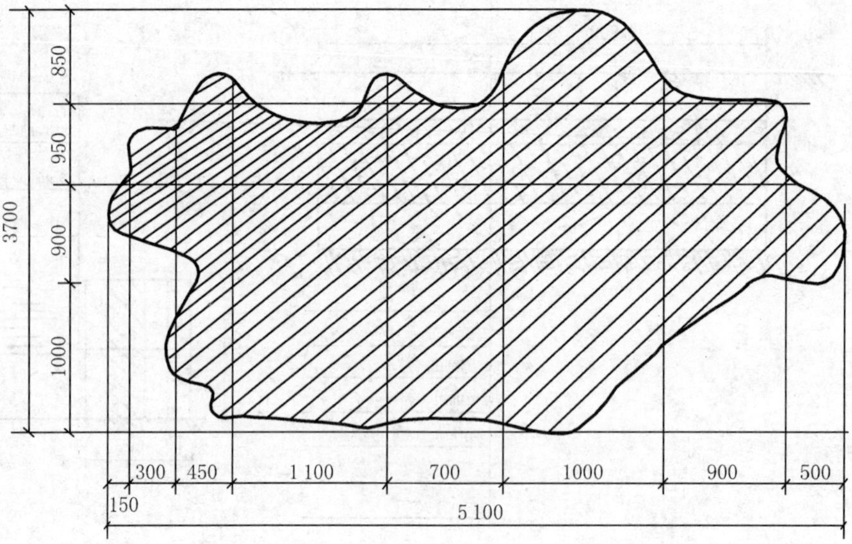

b)

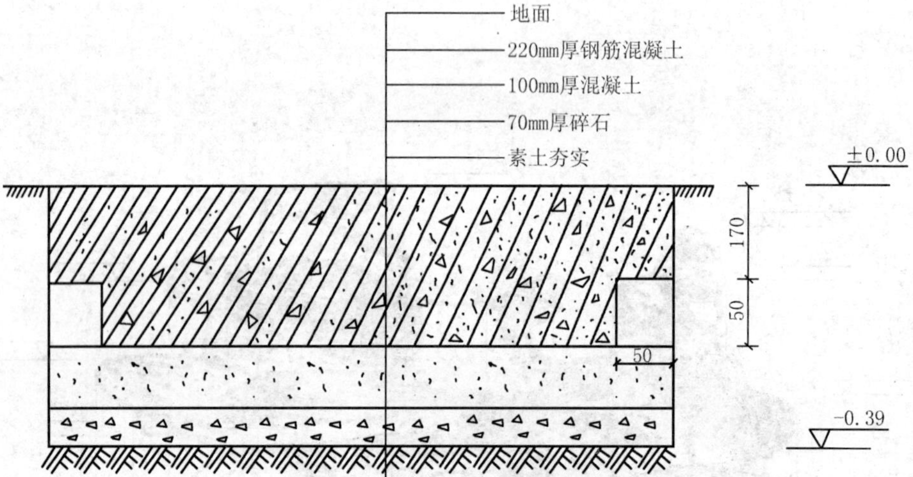

c)

图 2-19 假山示意图

a)立面示意图 b)底平面示意图 c)基础剖面示意图

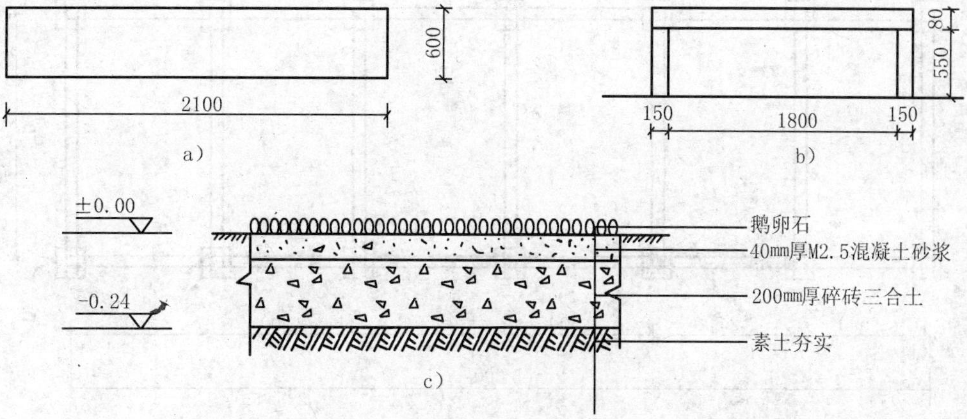

图 2-20　坐凳示意图

a)平面示意图　b)立面示意图　c)基础剖面示意图

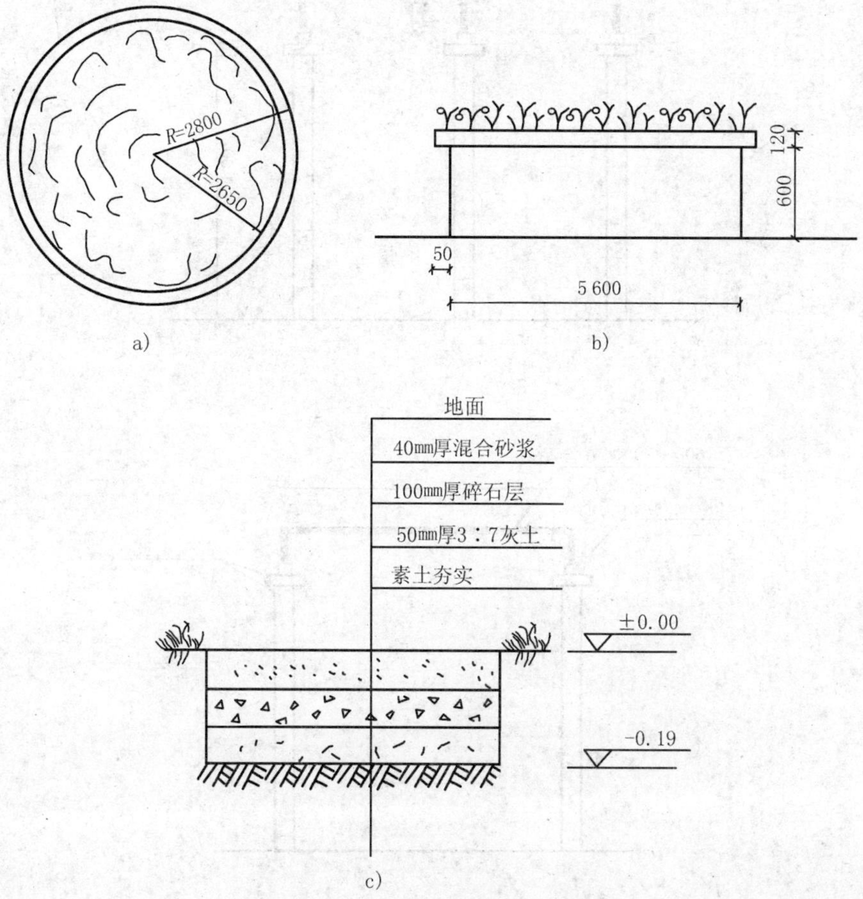

图 2-21　花坛示意图

a)平面示意图　b)立面示意图　c)基础剖面示意图

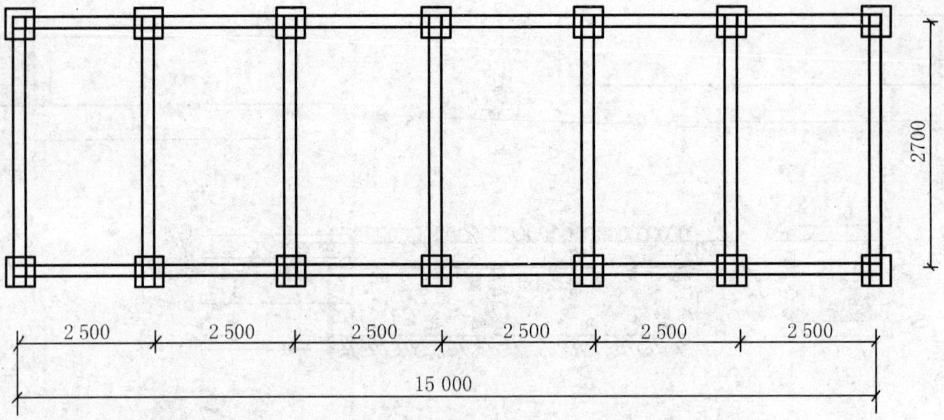
2700
2 500
2 500
2 500
2 500
2 500
2 500
15 000

a)

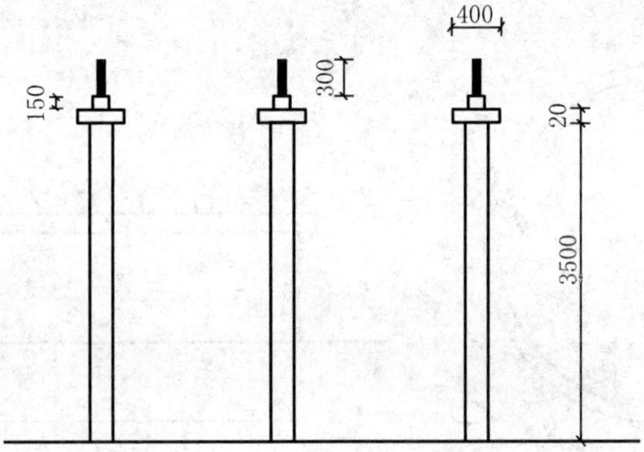
400
300
150
20
3500

b)

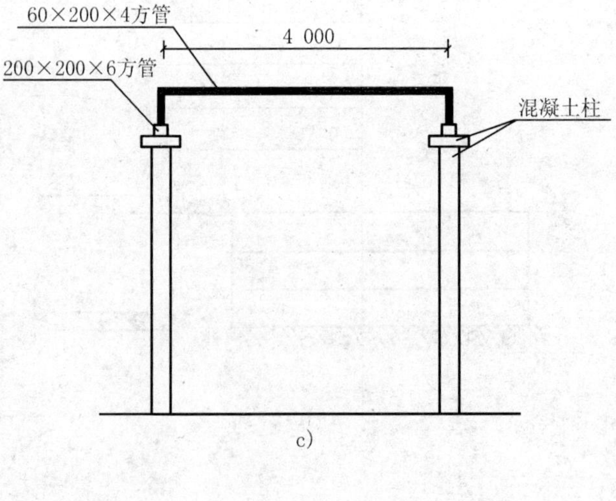
60×200×4方管
4 000
200×200×6方管
混凝土柱

c)

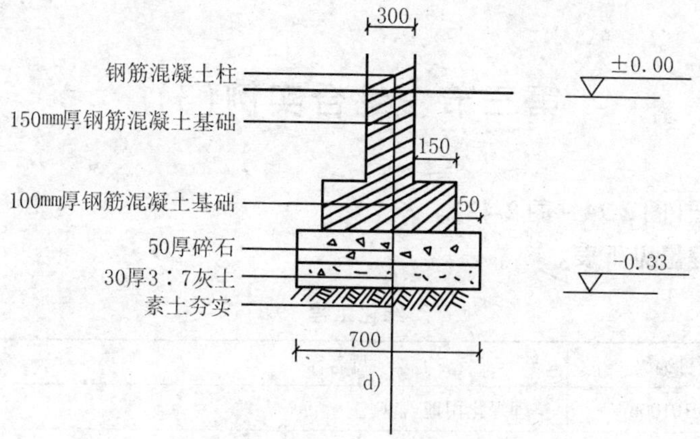

图 2-22　绿廊示意图

a)平面示意图　b)正立面局部示意图

c)侧立面示意图　d)柱基础剖面示意图

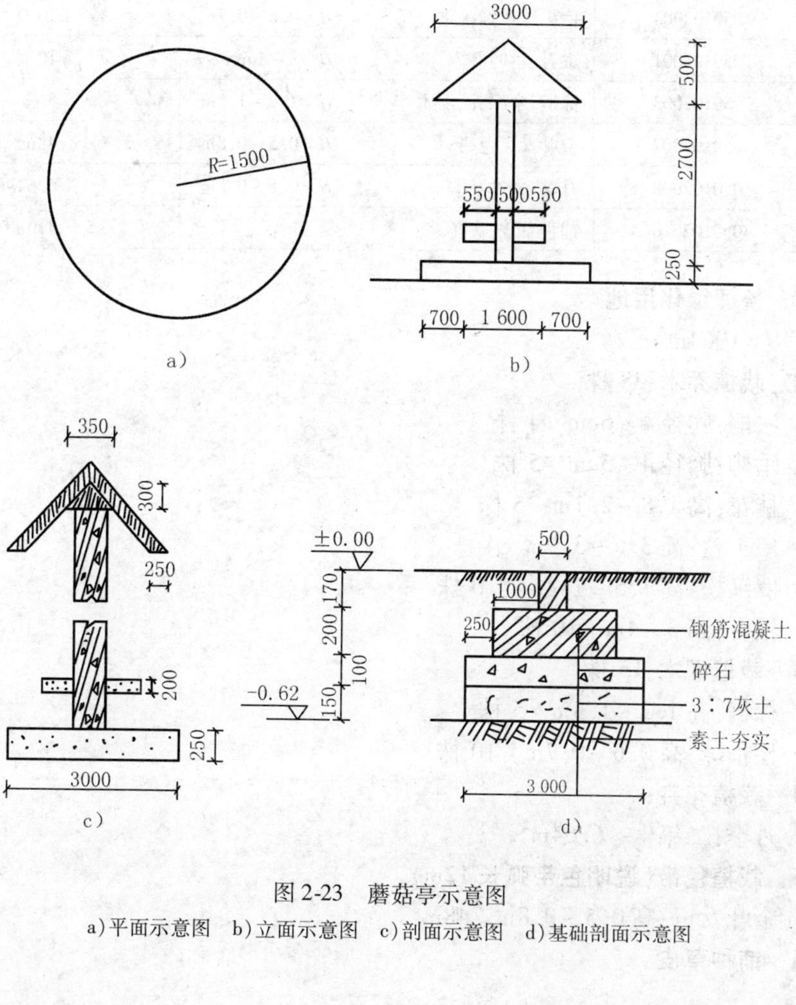

图 2-23　蘑菇亭示意图

a)平面示意图　b)立面示意图　c)剖面示意图　d)基础剖面示意图

第三节 综合实例(3)

某小区游憩园(图 2-24 ~ 图 2-42)。

分部分项工程量见下表。

绿化工程

序 号	项目编码	项目名称		数量及单位
1	050101006	整理绿化用地、普坚土		$1064m^2$
2	050102001	法桐、落叶乔木(裸根)	$D=4\sim6cm$	4 株
3	050102001	垂柳、落叶乔木(裸根)	$D=4\sim5cm$	5 株
4	050102001	桂花、常绿乔木	$H=1.8\sim2.1m$	5 株
5	050102001	广玉兰、常绿乔木	$H=3.6\sim3.9m$	4 株
6	050102001	罗汉松、常绿乔木	$H=1.5\sim1.8m$	10 株
7	050102004	桧柏球常绿灌木	$H=0.6\sim0.7m$	10 株
8	050102001	银杏、落叶乔木	$H=3\sim4m$	10 株
9	050102003	棕榈、常绿乔、灌木	$H=1.2\sim1.5m$	5 株
10	050102007	金叶女贞色带	$H=0.5\sim0.8m$	$48m^2$
11	050102008	月季、木本花卉	$H=0.6\sim0.8m$	$6.64m^2$
12	050102010	铺种草皮、高羊茅		$410m^2$

序号 1　整理绿化用地

【解】 $S=1064m^2$

序号 2　栽植乔木:38 株

【解】 法桐:胸径 $4\sim6cm$　4 株

垂柳:胸径 $4\sim5cm$　5 株

桂花:高 $1.8\sim2.1m$　5 株

广玉兰:高 $3.6\sim3.9m$　4 株

罗汉松:高 $1.5\sim1.8m$　10 株

银杏:高 $3\sim4m$　10 株

序号 3　栽植灌木:15 株

【解】 棕榈:高 $1.2\sim1.5m$　5 株

桧柏球:高 $0.6\sim0.7m$　10 株

序号 4　栽植花卉:

【解】 月季:二年生　$6.64m^2$

序号 5　栽植色带(说明色带弧长 12m)

【解】 金叶女贞:高 $0.5\sim0.8m$　48m

序号 6　铺种草皮

【解】 高羊茅,草皮 $410m^2$

序号7 园路(图2-25)

【解】 $S=288.5m^2$

$V_{灰土垫层}=S\times 厚=288.5\times 0.15m^3=43.28m^3$

$V_{粗砂垫层}=S\times 厚=288.5\times 0.05m^3=14.43m^3$

$S_{混凝土方砖}=288.5m^2$(说明:混凝土方砖的面积也就是所要铺路面的面积)

$$挖土方=S\times 厚=288.5\times(0.15+0.05)m^3=57.7m^3$$

序号8 景石(图2-26)

在计算景石时,必须先了解景石计算公式 $W_{单}=L\cdot B\cdot H\cdot \rho$

$W_{单}$——山石单体重量,t;

L——长度方向的平均值,m;

B——宽度方向的平均值,m;

H——高度方向的平均值,m;

ρ——石料密度,黄(杂)石,$2.6t/m^3$

【解】 根据上面计算公式计算如下:

$L=1.8m$ $B=1.2m$ $H=1.6m$

$W_{单}=L\cdot B\cdot H\cdot \rho=1.8\times 1.2\times 1.6\times 2.6t=8.99t$

序号9 喷泉(说明喷泉直径8m)(图2-27~图2-29)

【解】 ① 平整场地

$$S=\pi R^2=3.14\times 4^2m^2=50.24m^2$$

② 挖土方

V = 圆的面积×开挖深度+喷池开挖(低于铺装部分)+泵坑开挖

$=[3.14\times 4^2\times(0.15+0.02+0.03)+3.14\times 1.5^2\times(0.63+0.62-0.15)+(0.85+0.4)\times(0.85+0.4)\times(0.3+0.1+0.02+0.02+0.18+1.1-0.2)]m^3$

$=20.05m^3$

③ 喷泉广场地面

a. 原土夯实

$S=(3.14\times 4^2-2\times 3.14\times 1.5\times 0.64-0.85\times 0.85)m^2=43.49m^2$

b. 1∶3 水泥砂浆

$V=(3.14\times 4^2\times 0.02-2\times 3.14\times 1.5\times 0.64\times 0.02-0.85\times 0.85\times 0.02)m^3=0.87m^3$

c. 3∶7 灰土

$V=(3.14\times 4^2\times 0.15-2\times 3.14\times 1.5\times 0.64\times 0.15-0.85\times 0.85\times 0.15)m^3=6.52m^3$

d. 花岗石地面面层

$S=(3.14\times 4^2-2\times 3.14\times 1.5\times 0.64-0.85\times 0.85)m^2=43.49m^2$

④ 喷池(图2-28)

a. 原土夯实

$S=3.14\times 2\times 1.5\times(0.64+0.18+0.03\times 2+0.12\times 2+0.1\times 2)m^2=12.43m^2$

b. 3∶7 灰土垫层

$V=3.14\times 2\times 1.5\times(0.64+0.18+0.03\times 2+0.12\times 2+0.1\times 2)\times 0.3m^3=3.73m^3$

c. C10 混凝土基础垫层

$V = 2\times3.14\times1.5\times(0.64+0.18+0.03\times2+0.12\times+0.1\times2)\times0.1\text{m}^3 = 1.24\text{m}^3$

d. 1∶3 水泥砂浆

$$\begin{aligned}V &= V_{底} + V_{壁}\\ &= 2\times3.14\times1.5\times[(0.64+0.09\times2+0.03\times2)\times(0.02+0.02)+\\ &\quad(0.65+0.18)\times(0.01+0.02)\times2]\text{m}^3\\ &= 2\times3.14\times1.5\times0.085\text{m}^3\\ &= 0.801\text{m}^3\end{aligned}$$

e. 混凝土池

$$\begin{aligned}V &= V_{底} + V_{壁}\\ &= 2\times3.14\times1.5\times[(0.64+0.09\times2)\times0.18+(0.65)\times0.18\times2]\text{m}^3\\ &= 3.59\text{m}^3\end{aligned}$$

f. 瓷砖池

$$\begin{aligned}V &= V_{底} + V_{壁}\\ &= 3.14\times2\times1.5\times[(0.42+0.02\times2)\times0.02+(0.65-0.02)\times\\ &\quad 0.02\times2]\text{m}^3\\ &= 0.32\text{m}^3\end{aligned}$$

g. 不锈钢箅子

$$S = 2\times3.14\times1.5\times0.64\text{m}^3 = 6.03\text{m}^2$$

h. 砖墙池壁

$$\begin{aligned}V &= 2\times3.14\times1.5\times[(0.65+0.18+0.02\times2)\times0.12\times2]\text{m}^3\\ &= 1.967\text{m}^2\end{aligned}$$

⑤ 泵坑(图 2-29)

a. 原土夯实

$$S = (0.85+0.1\times4)^2\text{m}^2 = 1.56\text{m}^2 \quad （因为泵坑为正方形）$$

b. 3∶7 灰土垫层

$$V = 长\times宽\times厚 = (0.85+0.1\times4)^2\times0.3\text{m}^3 = 0.47\text{m}^3$$

c. C10 素混凝土垫层

$$V = 长\times宽\times厚 = (0.85+0.1\times4)^2\times0.1\text{m}^3 = 0.16\text{m}^3$$

d. 水泥砂浆垫层

$$V = 长\times宽\times厚 = (0.85+0.1\times2)^2\times0.04\text{m}^3 = 0.04\text{m}^3$$

e. 级配砂石

$$\begin{aligned}V &= [0.85\times(1.1+0.18+0.02)\times0.1+(0.85+0.2)\times(1.1+0.18+0.02)\\ &\quad\times0.1]\times2\text{m}^3\\ &= 0.49\text{m}^3\end{aligned}$$

f. 混凝土泵坑

$$\begin{aligned}V &= V_{底} + V_{壁}\\ &= [0.85\times0.85\times0.18+(0.85\times1.1\times0.18)\times2+(0.85-0.36)\times1.1\\ &\quad\times0.18\times2]\text{m}^3\\ &= 0.66\text{m}^3\end{aligned}$$

g. 瓷砖

$$
\begin{aligned}
V &= V_{底} + V_{壁} \\
&= [(0.85-0.36)\times(0.85-0.36)\times 0.02+(0.85-0.36)\times(1.1-0.02) \\
&\quad \times 2\times 0.02+(0.85-0.36-0.02\times 2)\times(1.1-0.02)\times 0.02\times 2]\text{m}^3 \\
&= 0.05\text{m}^3
\end{aligned}
$$

h. 不锈钢箅子

$$S = 0.85\times 0.85\text{m}^2 = 0.72\text{m}^2$$

序号 10　路牙(图 2-30)

【解】 路牙侧石安装：110.3m

路牙 3:7 灰土：$V = 长\times宽\times厚 = 110.3\times 0.17\times 0.15\text{m}^3 = 2.81\text{m}^3$

序号 11　水池(图 2-31 ~ 图 2-32)

【解】 ① 原土夯实

$$S = S_{长方形} - S_{三角形} = [2.8\times 1.8 - \frac{1}{2}\times(2.8-1.7)\times(1.8-0.74)]\text{m}^2 = 4.46\text{m}^2$$

② 碎石垫层

$$V = [2.8\times 1.8 - \frac{1}{2}\times(2.8-1.7)\times(1.8-0.74)]\times 0.06\text{m}^3 = 0.27\text{m}^3$$

③ C15 混凝土垫层

$$V = [2.8\times 1.8 - \frac{1}{2}\times(2.8-1.7)\times(1.8-0.74)]\times 0.15\text{m}^3 = 0.67\text{m}^3$$

④ 防水水泥砂浆

$$
\begin{aligned}
V_{底} &= [(2.8-0.52)\times(1.8-0.52) - \frac{1}{2}\times(2.8-0.52-1.7)\times(1.8-0.52-0.74)] \\
&\quad \times 0.02\text{m}^3 \\
&= 0.055\text{m}^3 \approx 0.06\text{m}^3
\end{aligned}
$$

$$
\begin{aligned}
V_{壁} &= (2.8-0.52)\times高\times厚+(1.8-0.52-0.02)\times高\times厚+(1.7-0.52-0.02)\times \\
&\quad 高\times厚+[\sqrt{(1.8-0.52-0.74)^2+(2.8-0.52-1.7-0.02)^2}-0.02]\times高\times厚 \\
&\quad +(0.74-0.52-0.02\times 2)\times高\times厚
\end{aligned}
$$

其中高和厚可从图中看出：高 = (0.96 − 0.02)m　　厚 = 0.02m　即：

$$
\begin{aligned}
&= \{(2.8-0.52)\times(0.96-0.02)\times 0.02+(1.8-0.52-0.02)\times(0.96-0.02)\times \\
&\quad 0.02+(1.7-0.52-0.02)\times(0.96-0.02)\times 0.02+ \\
&\quad (\sqrt{(1.8-0.52-0.74)^2+(2.8-0.52-1.7-0.02)^2}-0.02]\times(0.96 \\
&\quad -0.02)\times 0.02+(0.74-0.52-0.02\times 2)\times(0.96-0.02)\times 0.02
\end{aligned}
$$

将上式合并同类项可得：$= \{(2.8-0.52)+(1.8-0.52-0.02)+(1.7-0.52-0.02)$

$$
\begin{aligned}
&+[\sqrt{(1.8-0.52-0.74)^2+(2.8-0.52-1.7-0.02)^2}-0.02]+(0.74- \\
&0.52-0.02\times 2)\}\times(0.96-0.02)\times 0.02\text{m}^3 = 0.11\text{m}^3
\end{aligned}
$$

则水池的防水水泥砂浆为：

$V = V_{底} + V_{壁} = (0.06+0.11)\text{m}^3 = 0.17\text{m}^3$

⑤ 混凝土砖砌水池：

$$
\begin{aligned}
V &= 长\times高\times宽 = [2.8\times高+(1.8-0.26)\times高+(1.7-0.26)\times高+(0.74-0.52) \\
&\quad \times高+\sqrt{(2.8-1.7-0.26)^2+(1.8-0.74-0.26)^2}\times高]\times宽
\end{aligned}
$$

从水池剖面图可看出：高 $=(0.96+0.02)\text{m}=0.98\text{m}$　　宽 $=0.26\text{m}$

将上式合并同类项并将高代入得：$=[2.8+(1.8-0.26)+(1.7-0.26)+(0.74-0.52)+\sqrt{(2.8-1.7-0.26)^2-(1.8-0.74-0.26)^2}]\times0.98\times0.26\text{m}^3$

$$=6.26\times0.98\times0.26\text{m}^3$$
$$=1.60\text{m}^3$$

⑥ 花岗岩贴面：

$S=$ 长 × 高 $=2.8\times(0.96-0.1)+1.8\times(0.96-0.1)+1.7\times(0.96-0.1)+\sqrt{(2.8-1.7)^2+(1.8-0.74)^2}\times(0.96-0.1)+0.74\times(0.96-0.1)\text{m}^2$

合并为：

$$=[(2.8+1.8+1.7+\sqrt{(2.8-1.7)^2+(1.8-0.74)^2}+0.74)]\times(0.96-0.1)\text{m}^2$$
$$=7.37\text{m}^2$$

⑦ 花岗岩压顶：

$$S=[2.8+1.8+1.7+\sqrt{(2.8-1.7)^2+(1.8-0.74)^2}+0.74]\times0.34\text{m}^2-0.28\times4\times0.34$$
$$=2.91\text{m}^2-0.28\times4\times0.34$$
$$=2.53\text{m}^2$$

序号 12　方凳（图 2-33）

说明：此方凳为长方形，方凳的数目为 8 个，图上可直接看出来的有 4 个，其余 4 个在方亭下，每个方凳长 1.5m，宽 0.42m，高 0.51m，每个方凳有两条凳腿，凳腿宽 60mm。

【解】 根据方凳的立面图、剖面图(1)、剖面图(2)及综合图形可得：

① 人工挖槽：

$V=$ 长 × 宽 × 厚 × 数量 $=(0.32+0.2)\times0.06\times(0.1+0.3)\times8\times2\text{m}^3=0.20\text{m}^3$

② C10 混凝土垫层：

$V=[(0.32+0.2)\times0.06\times0.1+0.1\times0.06\times0.3\times2]\times8\times2\text{m}^3=0.107\text{m}^3$

③ C20 混凝土座凳：

$V=[0.32\times(0.3+0.44)\times0.06\times8\times2+0.42\times0.07\times1.5\times8]\text{m}^3=0.58\text{m}^3$

④ 彩色磨石面：

$S=[1.5\times0.42+(1.5\times0.07)\times2+(0.42\times0.07)\times2]\times8\text{m}^2=0.90\times8\text{m}^2=7.2\text{m}^2$

序号 13　方亭（图 2-34 ~ 图 2-36）

① 挖地坑：

$$V=\text{长}\times\text{宽}\times\text{厚}=1.12\times1.12\times(0.1+0.45+0.46)\text{m}^3=1.27\text{m}^3$$

② 柱子基础垫层：

$$V=\text{长}\times\text{宽}\times\text{厚}$$
$$=(0.1\times2+0.26\times2+0.4)\times(0.1\times2+0.26\times2+0.4)\times0.1\text{m}^3$$
$$=0.13\text{m}^3$$

③ 混凝土柱基：

$$V=0.92\times0.92\times0.45\text{m}^3=0.38\text{m}^3$$

④ 回填土：

$$V=\text{开挖量}-\text{垫层}-\text{混凝土基础}-\text{柱基量}$$
$$=(1.27-0.13-0.4\times0.4\times0.46-0.38)\text{m}^3=0.69\text{m}^3$$

⑤ 混凝土柱：

$$V=[0.4\times0.4\times(0.46+2.46)+0.48\times0.48\times0.28]m^3=0.53m^3$$

⑥ 混凝土方板：

【解析】 此亭板是由一个正方体和一个棱台组成而成的。首先要先了解棱台的公式，棱台 $V=\frac{1}{3}h(S_1+S_2+\sqrt{S_1S_2})$

其中 h——高度，m；

S_1，S_2——上、下底面积，m^2。

$$V=V_{正}+V_{棱台}=[3.68\times3.68\times0.05+\frac{1}{3}\times0.07\times(0.48\times0.48+3.68\times3.68+\sqrt{0.48\times0.48\times3.68\times3.68})]m^3$$

$$=1.04m^3$$

注意：在求混凝土柱时，不要忘了把地面以下的那段混凝土柱也加上，因为地下的那部分+地上的部分=整个混凝土柱。这是在做题时值得注意的问题。

⑦混凝土柱水泥砂浆抹面。

$$S=(0.4\times4\times2.46+0.48\times4\times0.28)m^2=4.47m^2$$

⑧混凝土柱刷白色涂料：

$$S=(0.4\times4\times2.46+0.48\times4\times0.28)m^2=4.47m^2$$

序号 14 花架(图 2-37～图 2-40)

【解】 ① 平整场地：

$$S=长\times宽\times1.4=3.1\times2.6m^2\times1.4=11.28m^2$$

② 挖地坑(图 2-40)：

$$V=长\times宽\times厚\times数量=0.96\times0.96\times1.07\times2m^3=1.97m^3$$

③ C10 混凝土垫层：

$$V=长\times宽\times厚\times数量=0.96\times0.96\times0.1\times2m^3=0.18m^3$$

④ C15 钢筋混凝土基础(图 2-40)：

$V=0.84\times0.84\times0.32\times2m^3=0.45m^3$

⑤ 混凝土花架(说明：此花架均是由混凝土做成的)：

a. 混凝土柱 ×2

$$V=0.28\times0.28\times(0.65+3.22)\times2m^3=0.61m^3$$

b. 混凝土梁：

$$V=[(3.1-0.26\times2)\times0.24+\frac{1}{2}\times(0.06+0.24)\times0.26\times2]\times0.08m^3=0.05578m^3$$

说明：“×2”指梁的两头，在求梯形体的体积 V 时，是用梯形的面积 $S_{梯}$ ×厚得到的。

c. 混凝土檩：

$$V=[(2.6-0.26\times2)\times0.2+\frac{1}{2}\times(0.04+0.2)\times0.26\times2]\times0.05\times8m^3=0.19m^3$$

⑥混凝土柱水泥砂浆抹面：

$$S=3.22\times0.28\times4\times2m^2=7.21m^2$$

⑦混凝土柱刷白色涂料

$$S=3.22\times0.28\times4\times2m^2=7.21m^2$$

说明:我们从花架顶平面图、花架立面图(a)、花架立面图(b)可以看出,此花架的柱有2个,梁的数目为1,檩的数目为8,所以在解题时出现了"×2"、"×8"的现象。

序号15　扇形花坛(图2-41～图2-42)

【解】　说明:花坛的面积 $S=2.09m^2$,外扇周长 $=9.2m$,池壁为青石砌筑,4个花坛完全一样。

① 平整场地:

$$S=2.09\times4(\text{数量})m^2=8.36m^2$$

② 人工挖地坑:

$V=S\times\text{高}\times4=2.09\times(0.24+0.08+0.3)\times4m^3=1.296\times4m^3=5.18m^3$

③ C10 混凝土:

$$V=9.2\times0.34\times0.08\times4m^3=0.25\times4m^3=1m^3$$

④ 砌花池:

$$V=9.2\times0.24\times(0.24+0.3)\times4m^3=1.19\times4m^3=4.76m^3$$

⑤ 回填种植土

$V=S_{\text{填}}\times\text{高}\times\text{虚土折成松土填土的系数}(1.25)\times4$

$=1.66\times(0.24+0.3+0.08)\times1.25\times4m^3$

$=1.2865\times4m^3$

$=5.146m^3$

这一综合实例中,值得注意的问题有:

一、绿化工程

(1)胸径——是指从地表向上1.3米高处树干的直径。

(2)平整绿化用地——是指垂直方向处理厚度在30厘米以内的就地挖填找平。

(3)栽植绿篱与片植绿篱计算方式不同:

栽植绿篱按设计图示以长度计算,片植绿篱按设计图示以面积计算,它与栽植色带、片植花卉的计算方式相同。

二、园林景观工程

(1)园路。① 园路路床整理按设计图示尺寸,两边各放宽5cm乘以厚度,以平方米计算。

②园路垫层(除混凝土垫层外)均按设计图示尺寸,两边各放宽5cm乘以厚度,以 m^3 计算。

(2)景石。在计算时,值得注意的是:长度(L)、宽度(B)、高度(H)均是指该方向的平均值。

(3)喷泉:人工挖土方的体积应按槽底面积(S)×挖土深度(h)计算,槽底面积(S)应以槽底的长度乘以槽底的宽。

注意:槽底的长和宽是指混凝土垫层外边线加工作面,如有排水沟者应算排水沟外边线,排水沟的体积应纳入总土方量内。

(4)要区分开混凝土基础垫层与混凝土基础

①混凝土厚度在12cm以内者为垫层。

混凝土厚度在12cm以外者为基础。

②现浇混凝土及其他构件按设计图示尺寸以体积计算。不扣除构件内钢筋、预埋铁件所占体积。

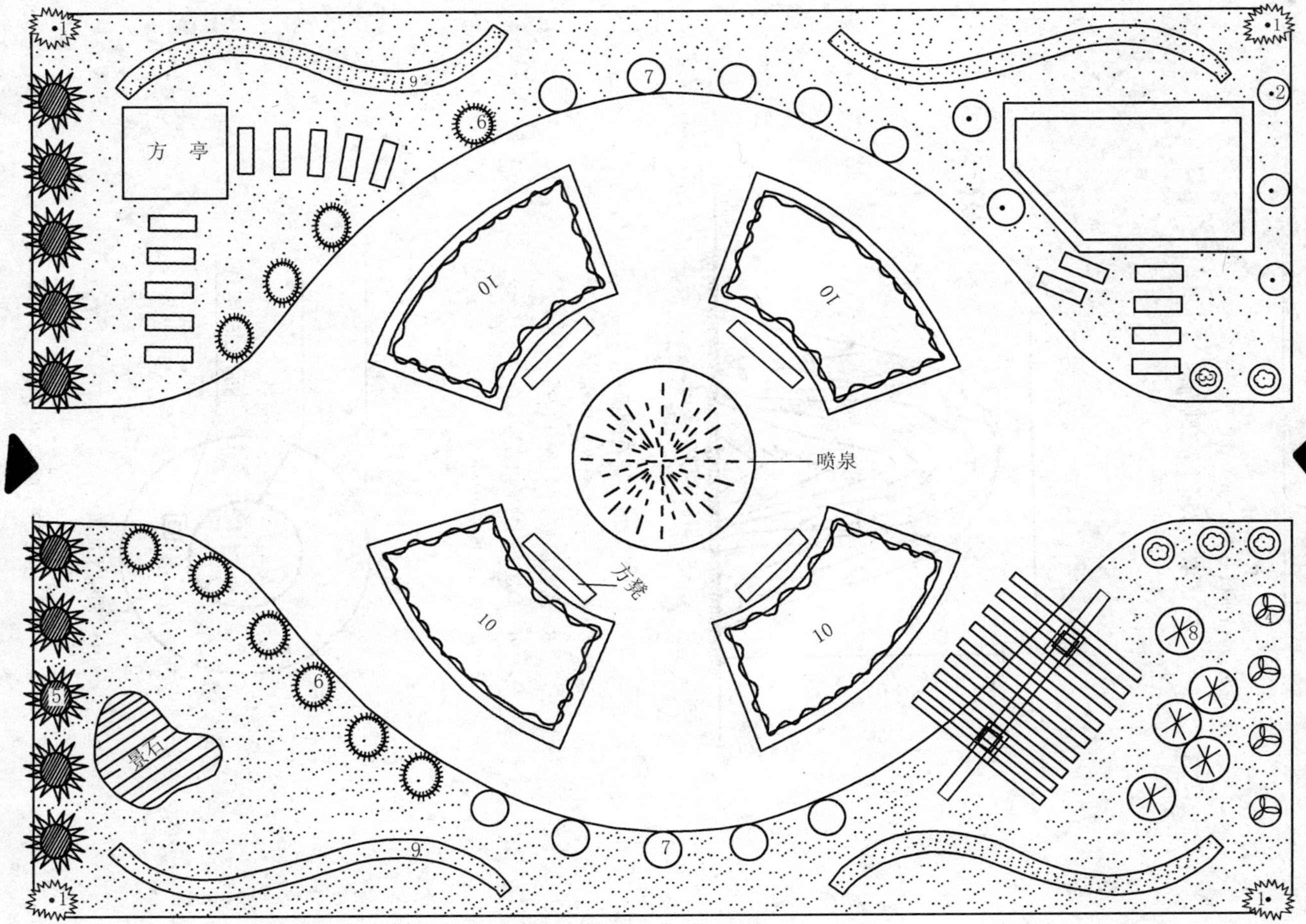

1：200

说明：

此游憩园为混合式布局，主要为休闲与娱乐的场所。

编 号	名 称
1	法 桐
2	垂 柳
3	桂 花
4	广玉兰
5	罗汉松
6	桧柏球
7	银 杏
8	棕 榈
9	金叶女贞
10	月 季

图 2-24　某小区游憩园平面图

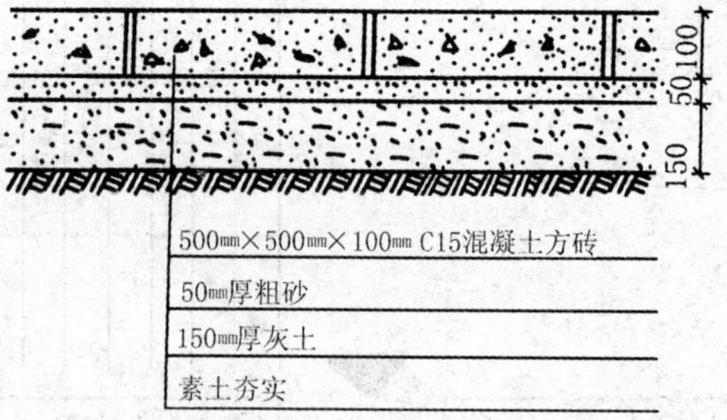

说明:园路面积为288.5m^2

图2-25　园路剖面图

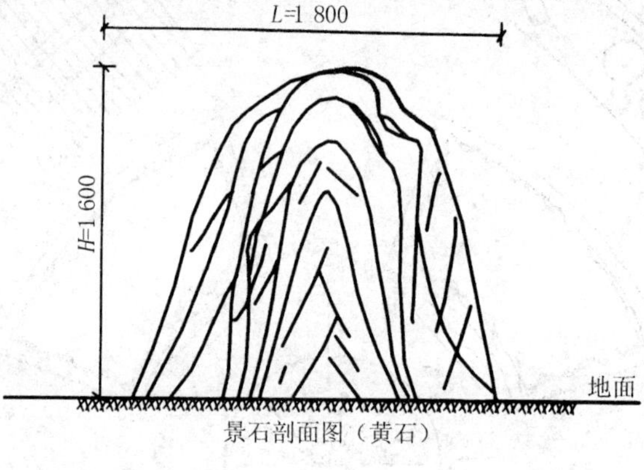

图2-26　景石剖面图

说明:L—长度方向的平均值为1.8m

B—宽度方向的平均值为1.2m

H—高度方向的平均值为1.6m

ρ—黄石密度2.6t/m^3

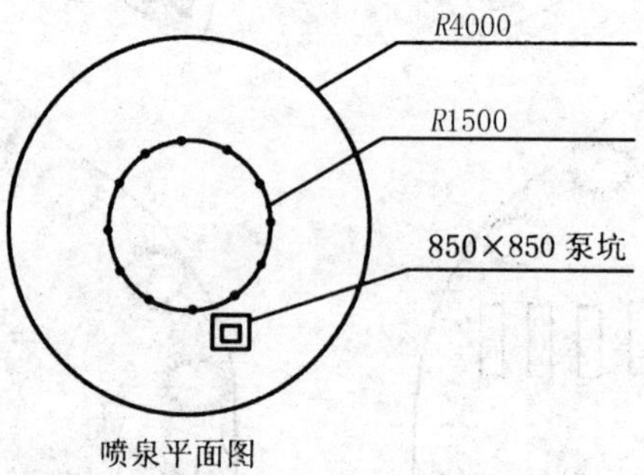

图2-27　喷泉平面图

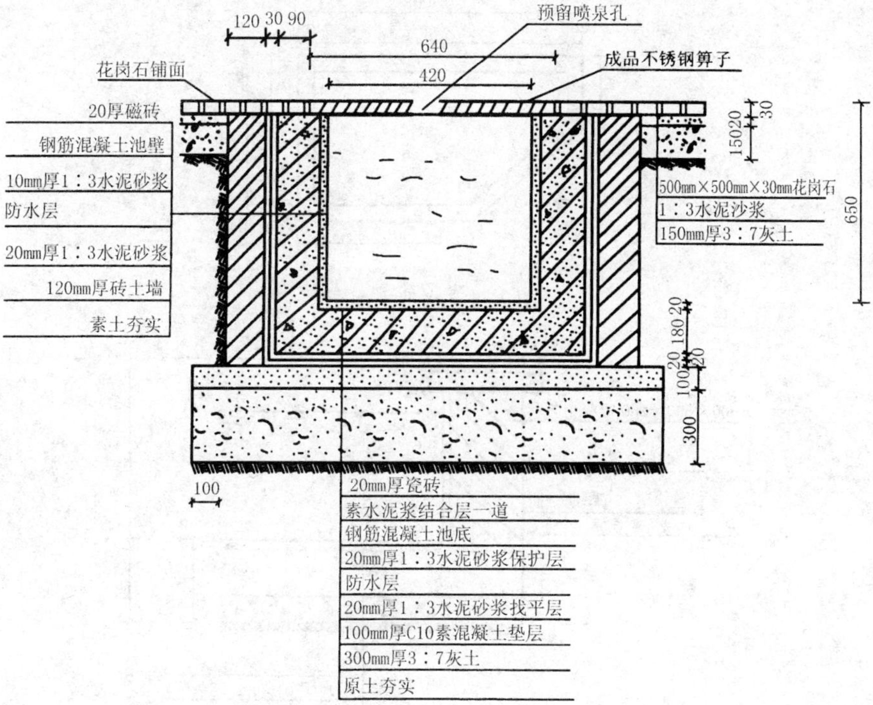

喷泉池底池壁剖面图

图 2-28　喷泉池底池壁剖面图

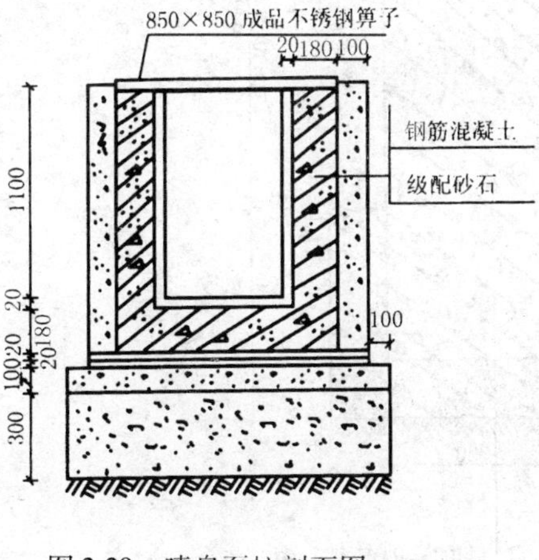

图 2-29　喷泉泵坑剖面图

说明：泵坑坑底的结构与喷泉池底的结构一样

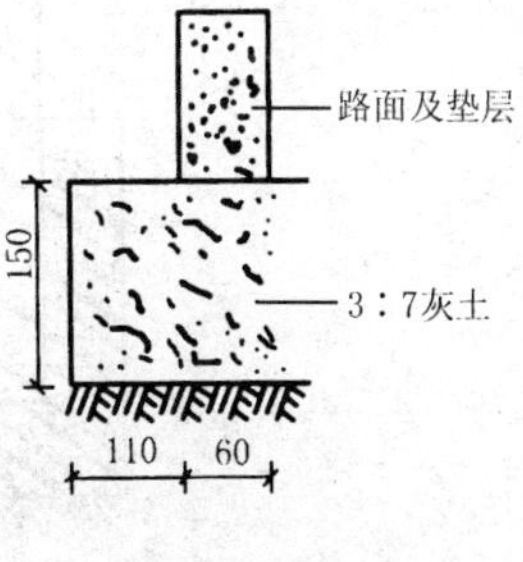

图 2-30　路牙剖面图

说明：路牙安装长为110.3m

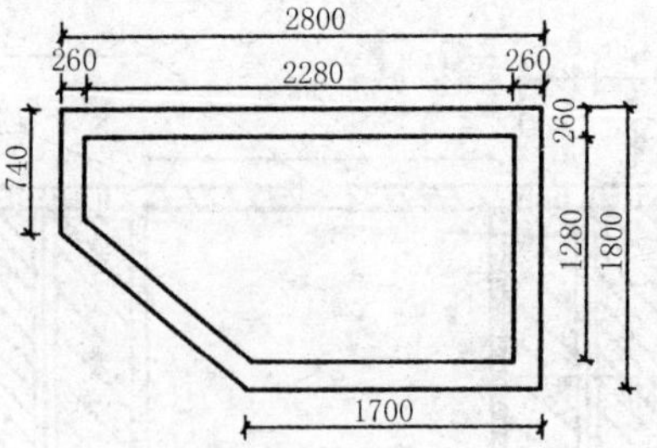

图 2-31　水池平面图

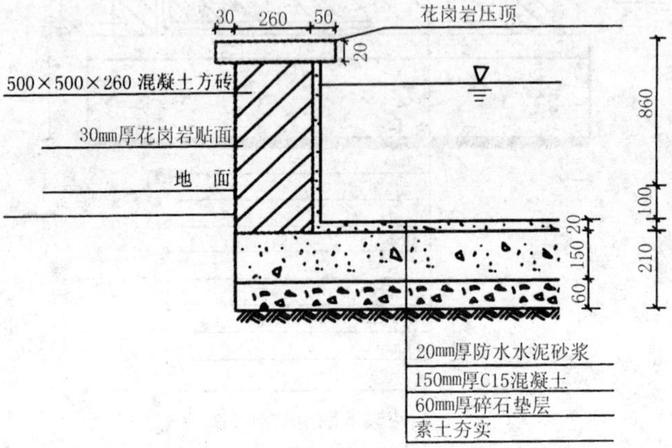

图 2-32　水池剖面图

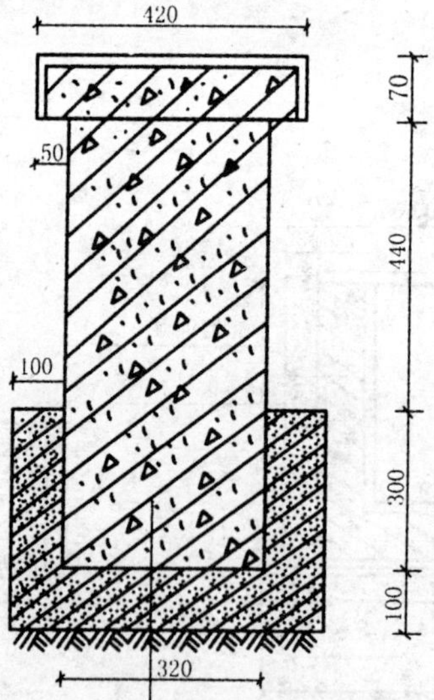

图 2-33　方凳剖面图

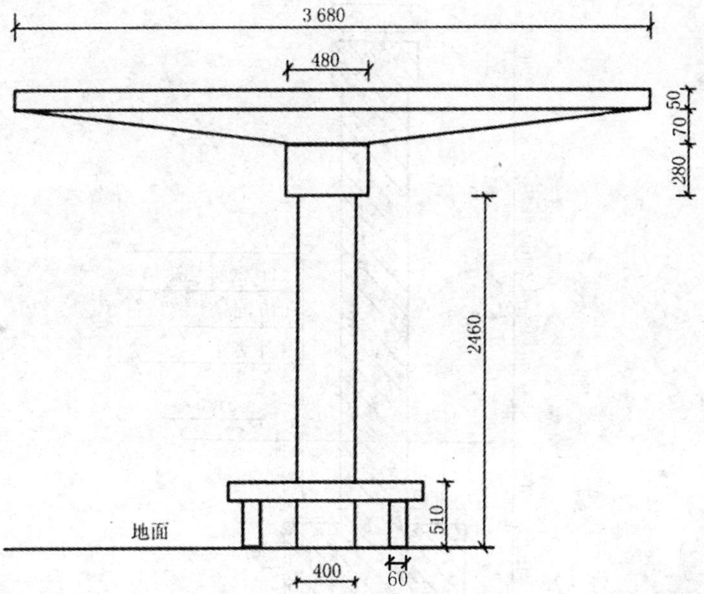

图 2-34　方亭立面图

说明：

1. 此亭子为正方形。

2. 座凳为 4 个，每边各 1 个。

3. 混凝土柱水泥砂浆抹面刷白色涂料。

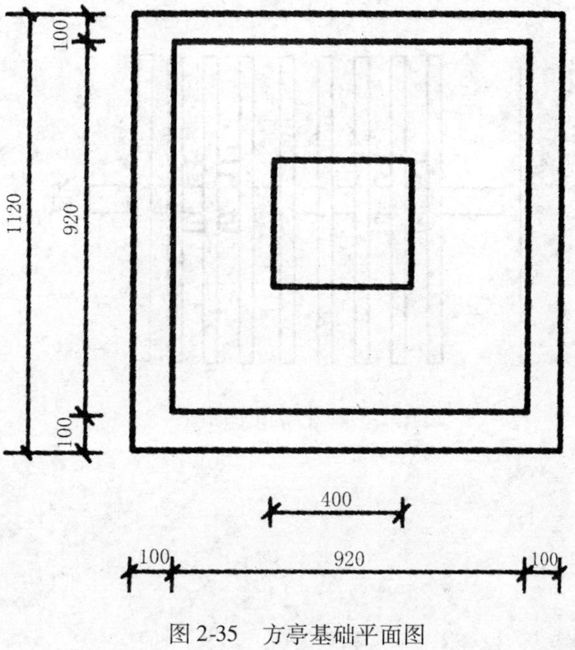

图 2-35　方亭基础平面图

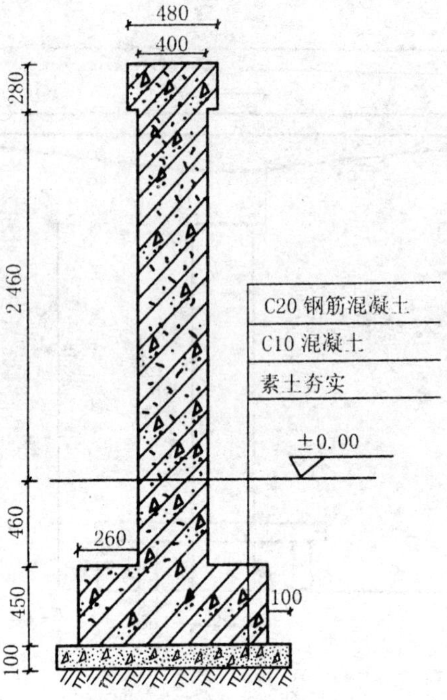

图 2-36　方亭基础剖面图

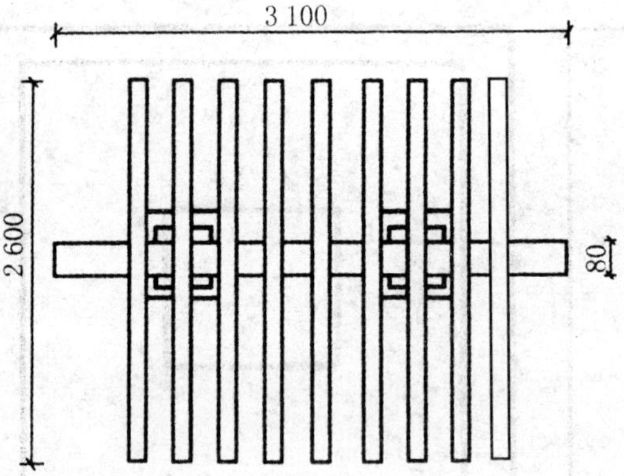

图 2-37　花架顶平面图

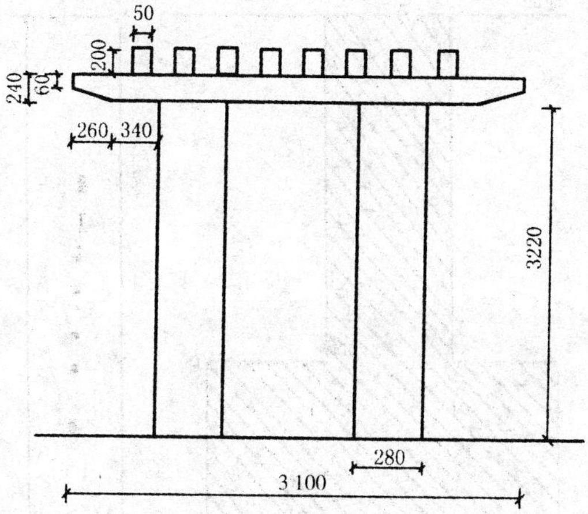

a)

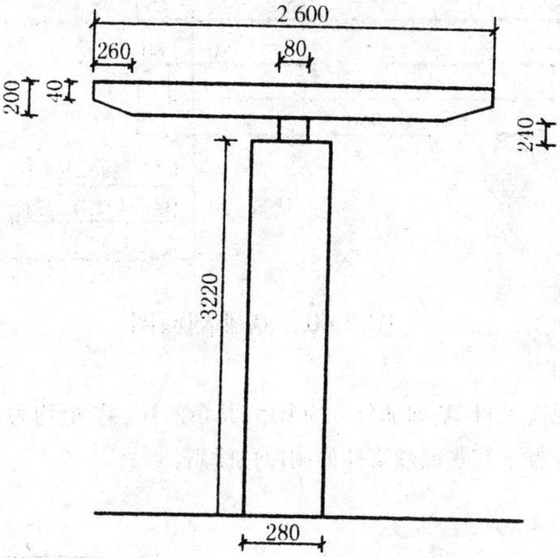

b)

图 2-38 花架示意图

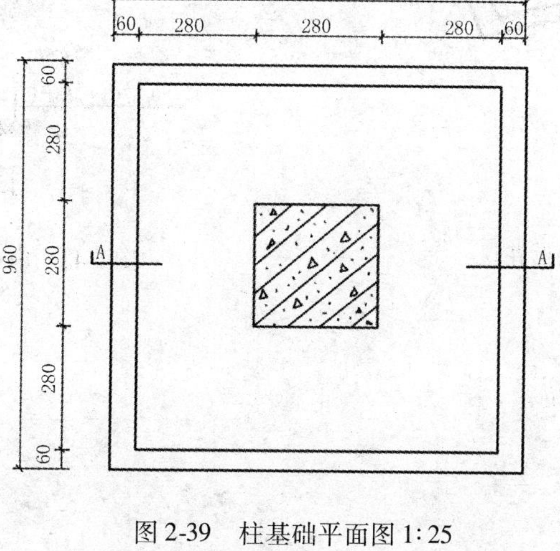

图 2-39 柱基础平面图 1∶25

a）立面图 1∶100 b）立面图 1∶100

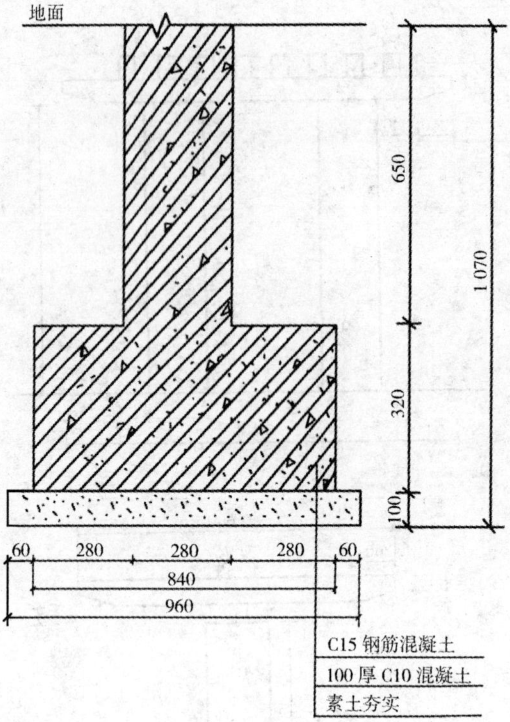

图 2-40　基础剖面图

说明：

1. 混凝土：柱基础部分分为 C15，其余的柱、梁、檩均为 C20。
2. 混凝土柱水泥砂浆抹面刷白色涂料。

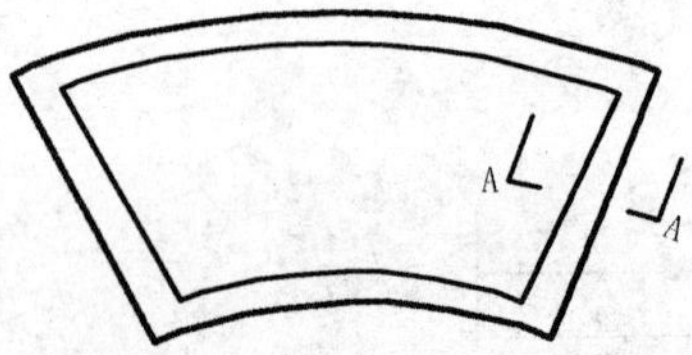

图 2-41　扇形花坛

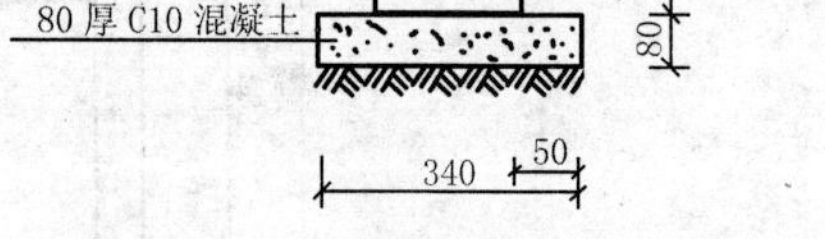

图 2-42　扇形花坛 A－A 剖面图

说明：1. $S_{外扇}=2.09m^2$

$S_{内扇}=1.66m^2$

2. 外扇周长＝9.2m
3. 扇形弧度为 60°